U0324711

乐高玩机械

刘 欣 周琳琅 编

科学普及出版社
·北 京·

图书在版编目（CIP）数据

乐高玩机械 / 刘欣 , 周琳琅编 . — 北京 : 科学普及出版社 , 2018.5
ISBN 978-7-110-09738-0

Ⅰ. ①乐… Ⅱ. ①刘… ②周… Ⅲ. ①机器人—制作 Ⅳ . ① TP242

中国版本图书馆 CIP 数据核字 (2018) 第 009033 号

策划编辑	郑洪炜
责任编辑	李 洁 陈 璐
装帧设计	中文天地
责任校对	杨京华
责任印制	马宇晨

出 版	科学普及出版社
发 行	中国科学技术出版社发行部
地 址	北京市海淀区中关村南大街16号
邮 编	100081
发行电话	010-62173865
投稿电话	010-63581070
网 址	http://www.cspbooks.com.cn

开 本	787mm×1092mm 1/16
字 数	170千字
印 张	10.25
插 页	32
印 数	1—5000册
版 次	2018年5月第1版
印 次	2018年5月第1次印刷
印 刷	北京盛通印刷股份有限公司
书 号	ISBN 978-7-110-09738-0 / TP·235
定 价	49.80元

前言

　　乐高积木是风靡世界的教育产品。《乐高玩机械》这本图书用乐高积木作为媒介，介绍了一些经典的机械机构，如涡轮、连杆、曲柄等。本书共包含 17 个乐高制作案例，可以作为中小学综合实践活动的参考材料，也可以作为机器人学习的补充材料。书中的每个案例制作过程，每一环节的严谨思考与设计，都能够促进青少年进行更深入的产品化思考。每个案例中纸模的应用则给青少年提供了广阔的创意发挥空间，让每一次学习过程都是综合、科学的动手实践过程。

　　《乐高玩机械》是中国青少年科技辅导员协会组织编写的工程技术类青少年科技活动实用案例集中的一个主题。成立于 1981 年的中国青少年科技辅导员协会，长期以来致力于加强科技辅导员队伍建设，开展线上线下的培训活动，提高科技辅导员的专业素养，为科技辅导员开展青少年科技教育活动提供资源服务。为贯彻落实《全民科学素质行动计划纲要（2006—2010—2020）》，中国青少年科技辅导员协会根据科技教育活动的新发展，以及广大科技辅导员开展青少年科技教育活动的需求，组织编写了突出信息技术特色的工程技术类科技活动系列案例集。该系列案例集根据不同主题介绍与活动内容相关的背景知识、教材资料、活动组织流程、活动实施的方法（技巧）、器材工具、评估方法等。中小学科技教师、校外科技场所的科技辅导员、科普志愿者可以参考使用，设计和组织开展青少年科技活动；青少年也可以根据教材内容，自主开展相关活动。

　　本系列教材的出版得到中国科协科普部 2017 年科技辅导员继续教育项目的支持，在此表示感谢。

中国青少年科技辅导员协会

2018 年 3 月

目录

创意表白机/铰链机构

 一、制作介绍

大家好！欢迎大家加入乐高玩机械课堂。在接下来的学习中，我们将会学习如何使用乐高制作有趣的机械结构（图 1.1）。还等什么呢？让我们快点开始吧！

图 1.1

 二、制作步骤

今天的制作会用到这些乐高零件（图 1.2）：

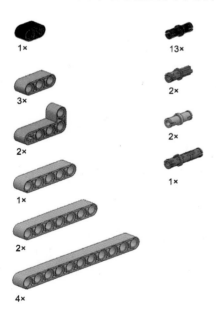

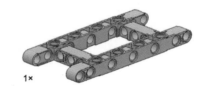

图 1.2

以及这些材料和工具（图 1.3）：

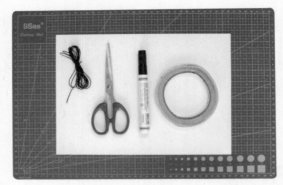

图 1.3

搭建步骤如图 1.4—图 1.20 所示：

① 步骤1

图 1.4

② 步骤2

图 1.5

④ 步骤4

图 1.7

③ 步骤3

图 1.6

步骤 5

图 1.8

步骤 6

图 1.9

步骤 7

将棉线两端分别穿过两个乐高零件的第一个孔，打结、系好，如图1.10 所示。

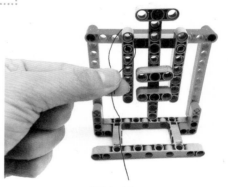

图 1.10

步骤 8

在棉线的中间位置打一个结。

图 1.11

图 1.12

3

9 步骤9

把多余的棉线剪掉，然后拉一拉，试试弹跳效果。我们的基本结构就完成啦。

图 1.13

10 步骤10

接下来准备想说的话。将你想表白的话拆成三截，第一截可以稍长（一个单词或一个词组），后面两截稍短（最好一截一个单词）。

例如（表 1.1）：

表 1.1

对爸爸妈妈	I love you
新年祝福	Happy New Year
求婚表白	Please marry me

11 步骤 11

将纸模沿着裁剪线剪下来。

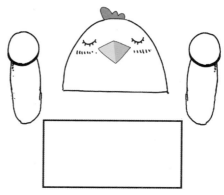

图 1.14

12 步骤 12

将拆分的单词或词组分别写在小鸡的手掌和身前的卡片上。

图 1.15

13 步骤 13

在乐高零件的如图 1.16 所示位置粘贴双面胶。

图 1.16

⑭ 步骤 14

粘贴手臂。

⑮ 步骤 15

粘贴身体。

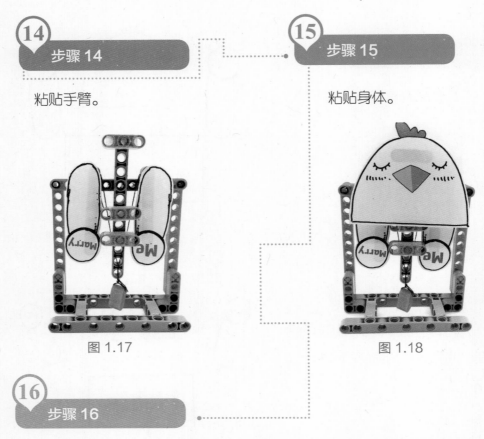

图 1.17

图 1.18

⑯ 步骤 16

粘贴"开头语",制作就完成啦。赶快拿起手中的乐高做一个创意表白机,给身边的人一个不一样的惊喜吧!

图 1.19

图 1.20

三、知识拓展

组成运动副的两构件只能绕着某一轴线作相对转动，这种运动副称为"转动副"或"铰链"（图 1.21）。

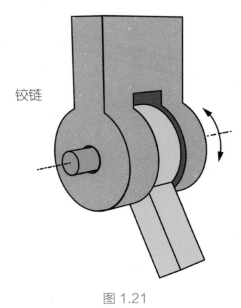

铰链

图 1.21

日常生活中常用合页来连接两个物体（如门和门框、窗和窗户框），合页就是典型的铰链。（图 1.22）

图 1.22

我们可以把只含有"转动副"的机构称为"铰链机构"。在机械设计领域

中，铰链四连杆机构是指全部由转动副组成的机构，它是平面四连杆机构的最基本形式。（图 1.23）

铰链四连杆机构

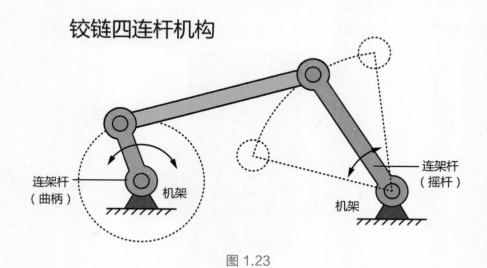

图 1.23

8

脚踏式垃圾桶/双摇杆机构

一、制作介绍

　　我们每天都需要把垃圾丢进垃圾桶里，让我们来看看丢垃圾的流程：踩下踏板，垃圾桶自动打开，把垃圾丢进去，松开脚，垃圾桶自动关上。这个过程仅仅只有几秒钟，你是否思考过为什么踩下踏板，盖子就会自动打开呢？它背后是怎么样的机械原理呢？

　　下面让我们一起用乐高做一个垃圾桶，了解它背后的机械结构吧！（图2.1）

图 2.1

二、制作步骤

　　今天的制作会用到这些乐高零件（图2.2）：

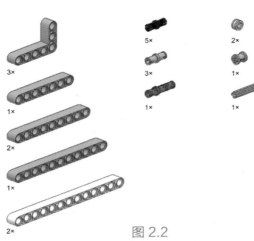

图 2.2

9

以及这些材料和工具（图 2.3）：

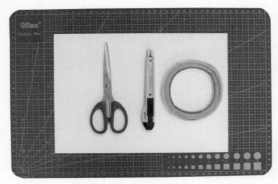

图 2.3

搭建步骤如图 2.4—图 2.19 所示：

① 步骤 1

② 步骤 2

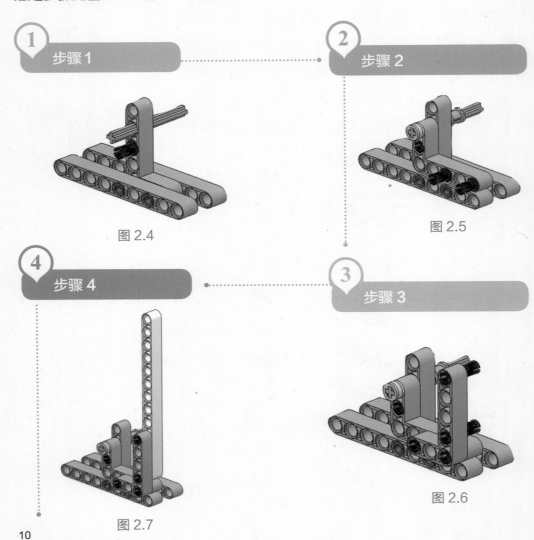

图 2.4

图 2.5

④ 步骤 4

③ 步骤 3

图 2.6

图 2.7

步骤 5

图 2.8

 步骤 6

图 2.9

 步骤 7

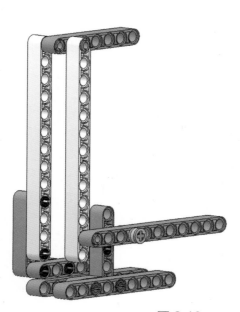
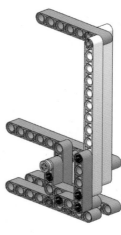

图 2.10

11

8 步骤8

将纸模的各部分沿裁剪线剪下来。

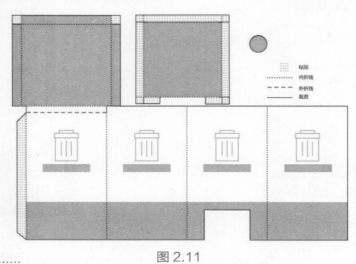

	粘贴
⋯⋯	内折线
- - -	外折线
——	裁剪

图 2.11

9 步骤9

将裁剪好的纸模按照内折线和外折线折出痕印。

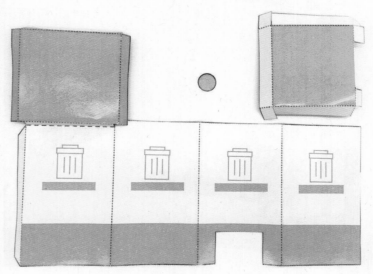

图 2.12

10 步骤 10

在垃圾桶底部的纸模上的
"粘贴"部分贴上双面胶。

图 2.13

11 步骤 11

在乐高上粘贴双面胶。

图 2.14

图 2.15

12 步骤 12

将垃圾桶底座与乐高粘贴。

图 2.16

13 步骤 13

对齐桶底的开口处，粘
贴垃圾桶桶身。

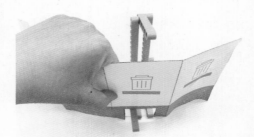

图 2.17

14 步骤 14

将桶盖与乐高粘贴，注意调
整粘贴的位置，不宜太紧，以免
影响开盖的结构。

图 2.18

15 步骤 15

将踏板部分的小圆片也粘上。

图 2.19

步骤 16

踏板式垃圾桶就做好了（图2.20）。赶快试试看它能不能自如地开启闭合吧!

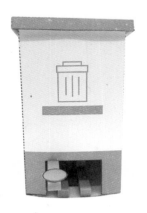

图 2.20

三、知识拓展

脚踏式垃圾桶运用了杠杆的原理，而且是由上面和下面两个杠杆组成，下面是省力杠杆，上面是费力杠杆。

双摇杆机构

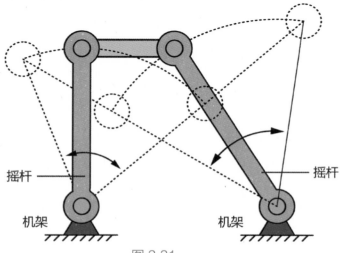

摇杆

机架

摇杆

机架

图 2.21

今天我们制作的结构叫作双摇杆机构（图 2.21）。摇杆是一种只能在一定角度 (小于 180 度) 范围内摆动的连架杆。

仔细观察一下垃圾桶绕着固定点旋转的上下两个杠杆，它们的运动轨迹是怎样的呢？没错，都小于 180 度。

而两个连架杆都为摇杆的机构就叫"双摇杆机构"。

蒸汽火车/平行四边形机构

一、制作介绍

大家都曾坐过火车，或者从电视、电影上见过火车吧（图3.1）。随着技术的发展，如今的火车，特别是高铁又快又舒适，已经成为人们出行的最佳选择啦！那么，你们知道过去的火车是什么样子的吗？坐在舒适的高铁上，你是否会想起在工业革命时代，车头上会冒烟、吞云吐雾的蒸汽火车（图3.2）呢？

"呜呜——，吭哧吭哧……"，我们今天就要带大家用乐高制作一台蒸汽火车，一起回味蒸汽时代！

图 3.1

图 3.2

二、制作步骤

今天的制作会用到这些乐高零件（图3.3）：

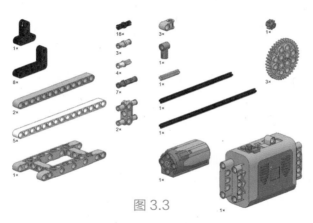

图 3.3

以及这些材料和工具（图3.4）：

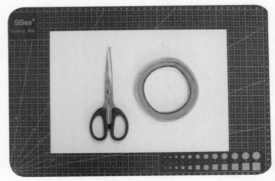

图 3.4

搭建步骤如图3.5—图3.33所示：

① 步骤1

图 3.5

② 步骤2

图 3.6

④ 步骤4

图 3.8

③ 步骤3

图 3.7

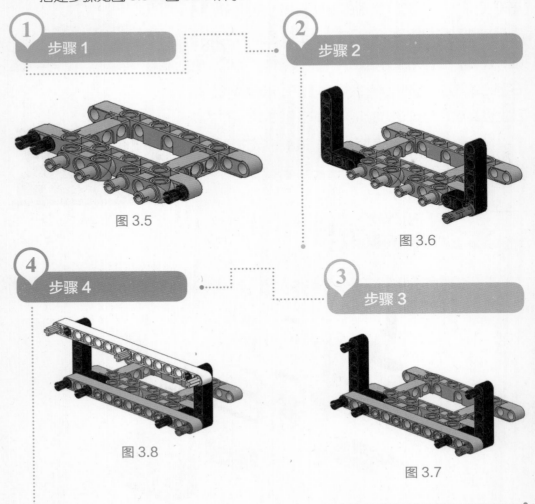

5 步骤 5

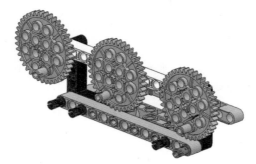

图 3.9

6 步骤 6

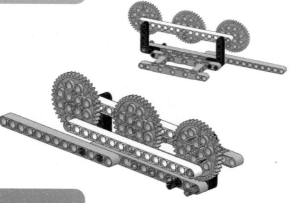

图 3.10

7 步骤 7

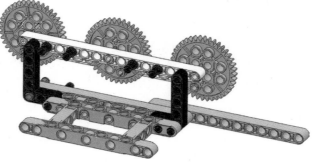

图 3.11

8 步骤 8

图 3.12

9 步骤 9

图 3.13

10 步骤 10

图 3.14

11

步骤 11

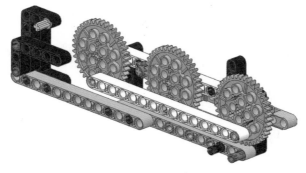

图 3.15

12

步骤 12

图 3.16

13

步骤 13

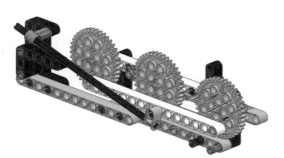

图 3.17

步骤 14

图 3.18

步骤 15

图 3.19

16

步骤 16

图 3.20

17
步骤 17

打印蒸汽火车的车身图片，并将各部分剪下来。（记得要把车头的窗户，车轮上面的白色小孔也去掉。）

图 3.21

图 3.22

18
步骤 18

粘贴三个车轮。

图 3.23

图 3.24

19 步骤 19

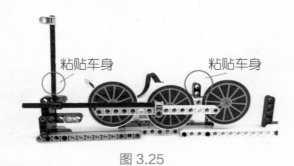

粘贴车身   粘贴车身

图 3.25

20 步骤 20

粘贴车身。

图 3.26

21 步骤 21

粘贴小车轮。

粘贴小车轮

图 3.27

粘贴小车轮

图 3.28

注意：小车轮的底部要尽量与大车轮的底部保持在同一水平线上哟！

22

步骤 22

粘贴连杆和气缸。

图 3.29   图 3.30

图 3.31

23

步骤 23

粘贴铁轨、制作烟雾。

24

步骤 24

粘贴车厢，你的小火车就做好啦！打开开关，让小火车跑起来吧！

图 3.32

图 3.33

三、知识拓展

蒸汽火车通过用煤烧水，使水变成蒸汽，从而推动活塞做往复直线运动，再转换成轮子的圆周运动。（图3.34）

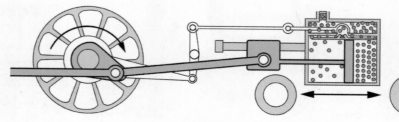

图 3.34

蒸汽火车车轮之间的运动是如何传递的呢？原来，蒸汽火车轮子之间的运动是通过平行四边形机构传递的。平行四边形机构的特点是：转向相同，两对边构件长度相等且平行。另外，由于本课中的两对边连架杆都作360度圆周运动，因此该机构又称"双曲柄机构"（图3.35）。

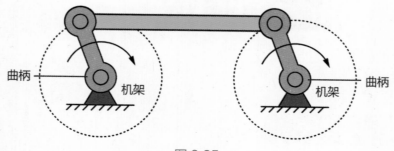

图 3.35

但是在实际运用中，当平行四边形机构的四个杆处于一直线位置时，从动件的运动不确定（可能不作圆周运动而做左右摆动，变成了曲柄摇杆机构）。为了避免这种现象发生，平行四边形机构中常增加一平行杆（图3.36）。

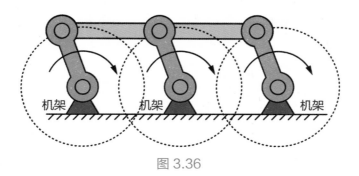

图 3.36

　　这种机构的特点之一是相对杆始终保持平行，且两连杆的角位移、角速度和角加速度也始终相等。

　　蒸汽机车的车轮驱动机构就是一个最典型的例子啦！其中所增加的辅助轮相当于所增加的平行杆，它既能帮助渡过运动不确定位置，又能增加最大启动牵引力。

开门大吉／反平行四边形机构

一、制作介绍

开学了，大家都搭乘什么样的交通工具来上学呢？步行，骑自行车，开私家车，还是搭乘公交车呢？今天，我们就要来教大家制作一辆特别的公交车，它有一项特殊的功能，称作"开门大吉"（图4.1）。还等什么？让我们快来开始吧！

图4.1

二、制作步骤

今天的制作会用到这些乐高零件（图4.2）：

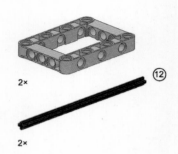

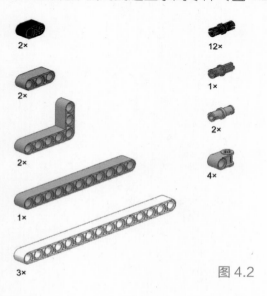

图4.2

以及这些材料和工具（图 4.3）：

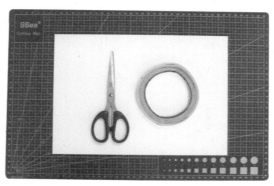

图 4.3

搭建步骤如图 4.4—图 4.21 所示：

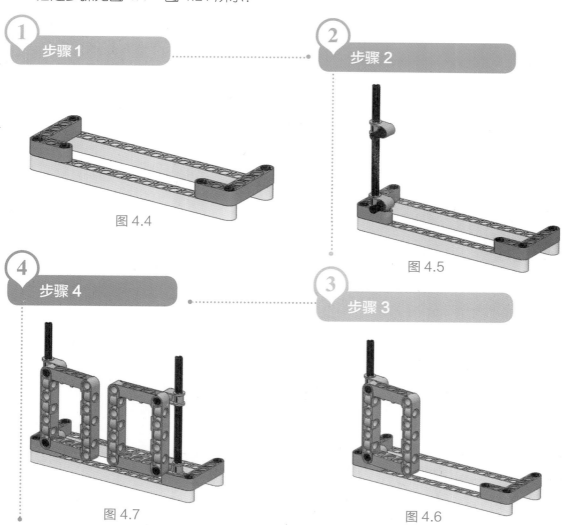

① 步骤1

图 4.4

② 步骤2

图 4.5

④ 步骤4

图 4.7

③ 步骤3

图 4.6

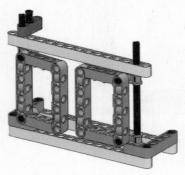

图 4.8

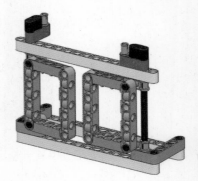

图 4.9

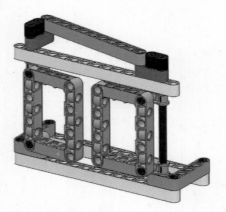

图 4.10

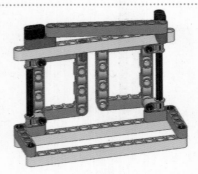

图 4.11

9 步骤 9

旋转其中一边的零件，试试看"车门"是否能正常打开。

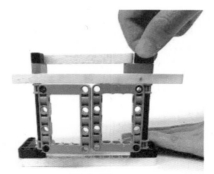

图 4.12

10 步骤 10

打印车身图片，并将各部分剪下来。

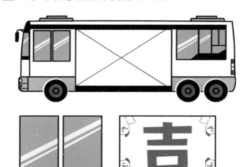

图 4.13

11 步骤 11

记得要将车身中标有"剪切"字样的部分"挖空"哟！

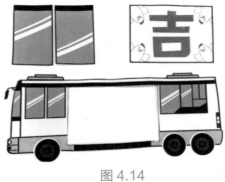

图 4.14

步骤 12

粘贴藏在车门后的"吉"字。

图 4.15

图 4.16

步骤 13

将公交车车身和车门分开粘贴。

图 4.17

图 4.18

步骤 14

完工。

"关门"状态：

图 4.19

"开门" 状态：

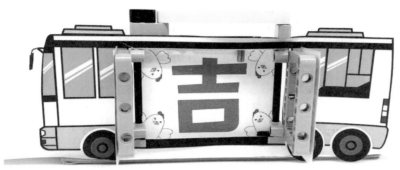

图 4.20

快试试，旋转 "开" "关"！

图 4.21

 三、知识拓展

　　"开门大吉" 的原理与上一课 "蒸汽火车" 很类似，但作用与之相反，称为
"反平行四边形机构"，也叫 "反向双曲柄机构"。
　　我们来对比看看这两个机构有什么不同。

正平行四边形机构（图 4.22）：两曲柄轴转向相同，两对边构件长度相等且平行的机构。

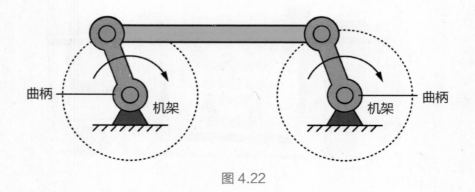

曲柄   机架   机架   曲柄

图 4.22

反平行四边形机构（图 4.23）：两对边构件长度相等且平行，但是旋转方向相反。

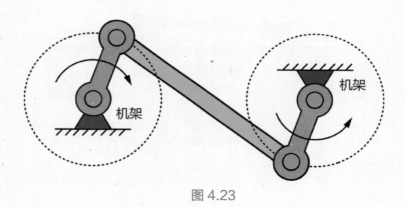

机架   机架

图 4.23

蝙蝠侠升降机 / 剪式升降机构

一、制作介绍

　　不好啦！大楼着火了（图5.1）！科技学堂的布布老师被困在大楼顶层，快打探照灯，告诉蝙蝠侠（图5.2），只有他能把布布老师救下来！

图 5.1　　　　　　　　　　　　　　　图 5.2

二、制作步骤

今天的制作会用到这些乐高零件（图5.3）：

图 5.3

以及这些材料和工具（图 5.4）：

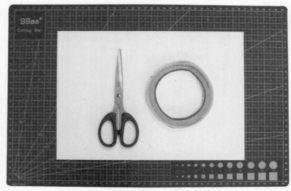

图 5.4

搭建步骤如图 5.5—图 5.30 所示：

① 步骤 1

② 步骤 2

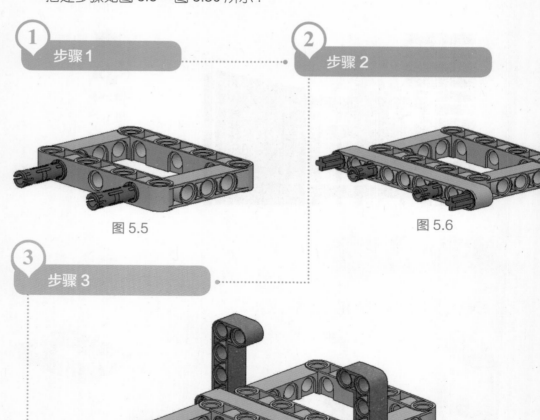

图 5.5

图 5.6

③ 步骤 3

图 5.7

4 步骤 4

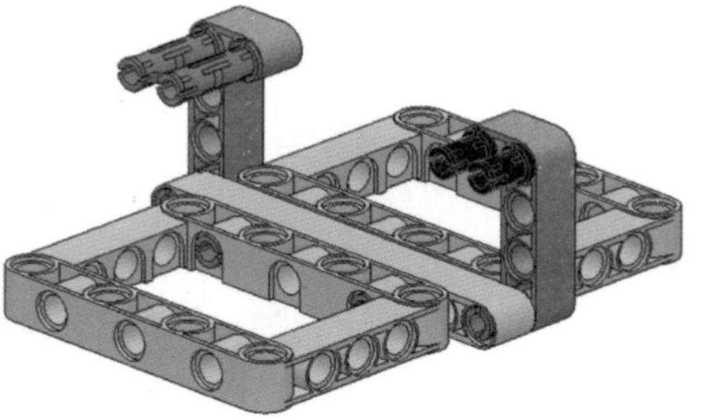

图 5.8

5 步骤 5

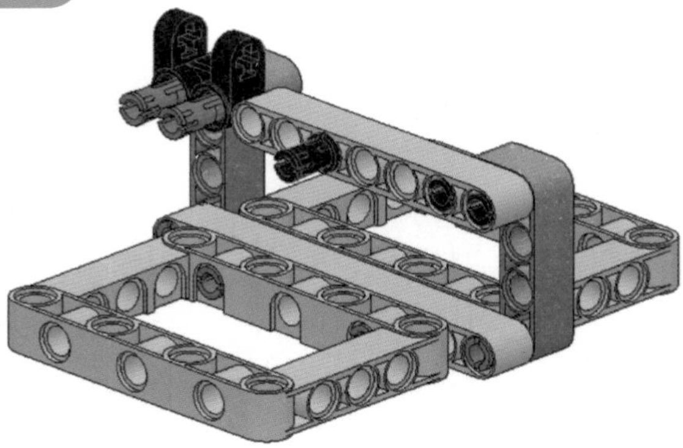

图 5.9

6 步骤 6

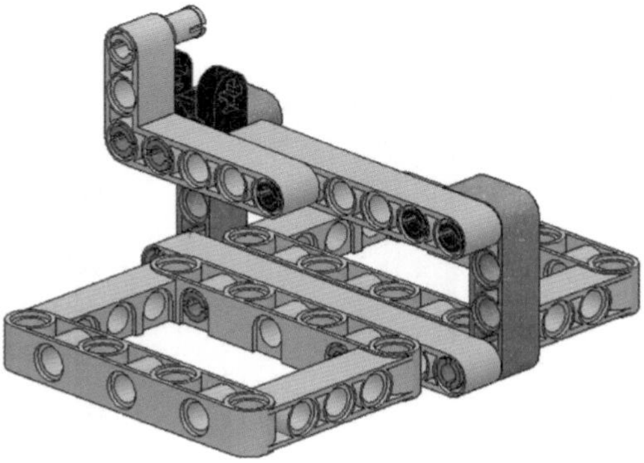

图 5.10

7 步骤 7

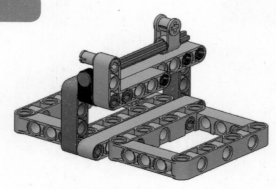

图 5.11

8 步骤 8

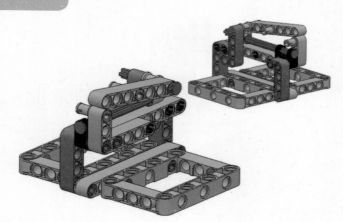

图 5.12

9 步骤 9

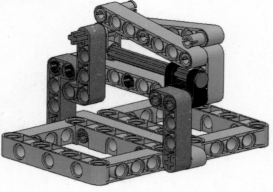

图 5.13

10 步骤 10

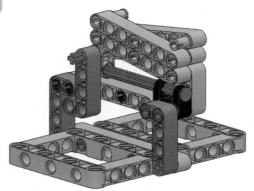

图 5.14

11 步骤 11

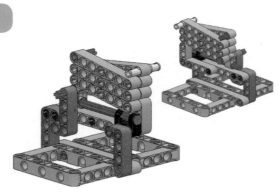

图 5.15

12 步骤 12

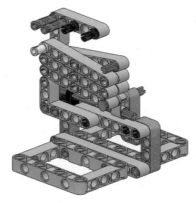

图 5.16

⑬ 步骤 13

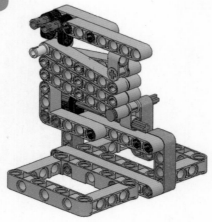

图 5.17

⑭ 步骤 14

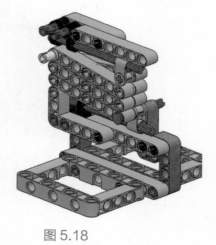

图 5.18

⑮ 步骤 15

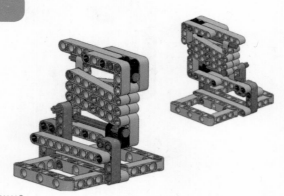

图 5.19

16
步骤 16

将纸模的各部分沿"裁剪"线剪下来。

图 5.20

17
步骤 17

按照纸模的折线标识折出痕印。

图 5.21

18
步骤 18

在纸模上的粘贴区域贴上双面胶。

图 5.22

步骤 19

在乐高上粘贴双面胶。

图 5.23

图 5.24

图 5.25

步骤 20

在升降机的底部粘贴纸模。

图 5.26

图 5.27

21 步骤 21

粘贴升降机的工作台，注意保持工作台与底座水平居中。

图 5.28

22 步骤 22

踏着升降机而来的蝙蝠侠就做好啦！

图 5.29

图 5.30

三、知识拓展

案例中将"蝙蝠侠"迅速升入高空的机构叫"剪式升降机构"（图 5.31）。它由我们之前在蒸汽火车中的平行四边形机构和"滑块摇杆机构"复合而成。

剪式升降机构

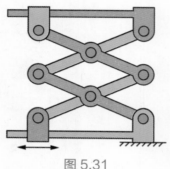

图 5.31

"剪式升降机构"在生活中最直接的应用就是剪式升降车。剪式升降车是用途广泛的高空作业专用设备，它能够使升降台在起升的过程中有较高的稳定性。宽大的作业平台和较高的承载能力，使高空作业范围更大、并适合多人同时作业。剪式升降车使得工作效率更高，安全更有保障（图 5.32）。

图 5.32

搞怪小丑／曲柄移动导杆机构

 一、制作介绍

今天我们要来制作一个有趣的搞怪
小丑，打开电机开关，就可以使小丑完
成眼睛、鼻子转动的搞怪动作（图6.1）。

 二、制作步骤

图 6.1

今天的制作会用到这些乐高零件（图6.2）：

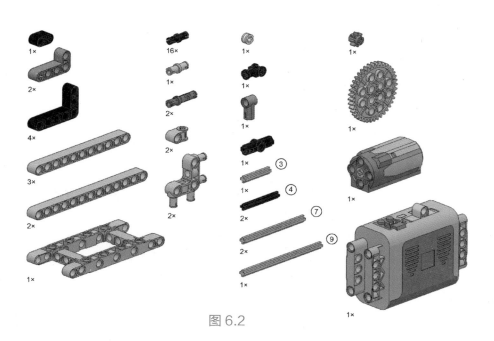

图 6.2

以及这些材料和工具（图6.3）：

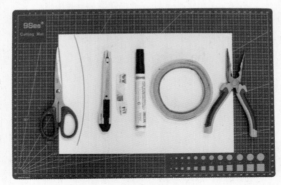

图 6.3

搭建步骤如图 6.4—图 6.26 所示：

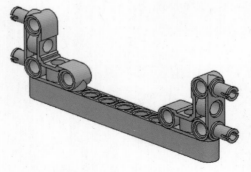

图 6.4

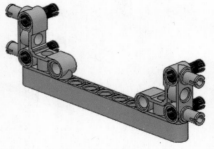

图 6.5

③ 步骤 3

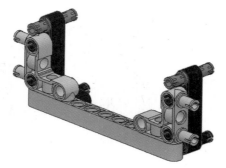

图 6.6

④ 步骤 4

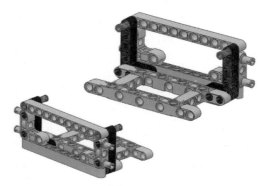

图 6.7

⑤ 步骤 5

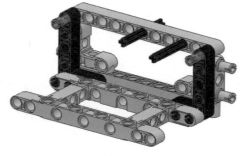

图 6.8

6 步骤6

图 6.9

7 步骤7

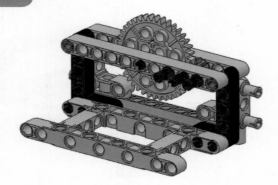

图 6.10

8 步骤8

图 6.11

9 步骤 9

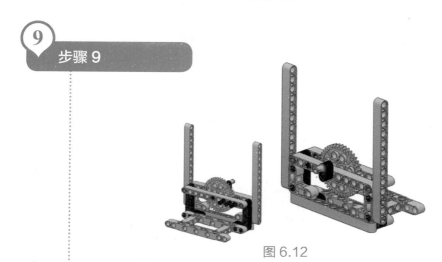

图 6.12

10 步骤 10

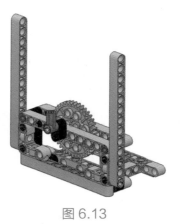

图 6.13

11 步骤 11

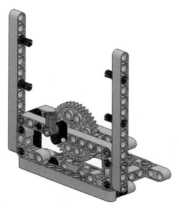

图 6.14

步骤 12

图 6.15

步骤 13

图 6.16

步骤 14

图 6.17

步骤 15

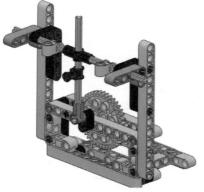

图 6.18

步骤 16

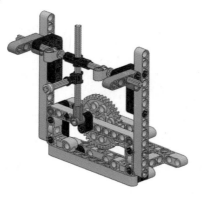

图 6.19

步骤 17

图 6.20

18 步骤 18

　　分开绘制小丑的脸庞、眼睛和鼻子。在绘制前，你可以通过乐高结构眼睛位置的高度和可动宽度来确定脸庞的大致尺寸，在这个尺寸内绘制小丑的脸庞，并留出眼睛、鼻子的位置。根据脸庞的大小来估计眼睛、鼻子的大小，并画出外形。

图 6.21

19 步骤 19

　　用剪刀将眼睛、鼻子、脸庞逐个剪下来。别忘了用刻刀抠出脸庞上的眼睛、鼻子的位置哟！

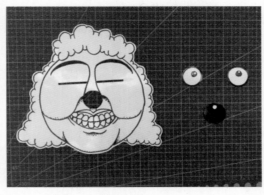

图 6.22

20 步骤 20

固定小丑脸庞。位置确定好后，关闭电源开关，剪下两小块双面胶，粘贴在乐高结构上。

图 6.23

21 步骤 21

把小丑的脸庞粘贴上去，注意左右要对称。

图 6.24

试试看，机构是否还能够灵活地运动起来？

小贴士

如果电机不动或转动得不太流畅，说明有的地方被卡住了。这时，需要调整鼻子结构的上下位置以及眼睛的左右位置。

22 步骤 22

粘贴、组装。

取两小块蓝泥胶，粘在铁丝上。把眼睛粘在蓝泥胶上。

图 6.25

23 步骤 23

在鼻子的对应位置粘贴一小块双面胶，把鼻子也粘上去。

搞怪的小丑就制作完成啦！

图 6.26

三、知识拓展

案例中机构的运动部分主要由曲柄、滑杆和导杆组成（图6.27）。这个机构称作"曲柄移动导杆机构"。（英文：Scotch yoke，音译"苏格兰轭机构"）

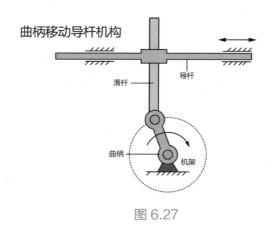

曲柄移动导杆机构

图6.27

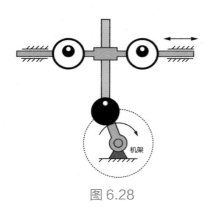

图6.28

曲柄移动导杆机构是一种铰接点在无穷远处的平面四连杆机构，它可将圆周运动转换为往复运动（图6.28）。

我们也可以把曲柄移动导杆机构反过来，将滑块的线性运动转换为旋转运动。它在很多机械中都会运用到。

一路猴走 / 曲柄摇杆机构

一、制作介绍

大家见过马戏团的猴子吗？它们都是身怀绝技的超级表演家呢！今天，我们就要做一个骑着独轮车向大家挥手致意的猴哥，打开开关，猴哥就会冲你俏皮地摆手挥动（图 7.1）。快来，让我们一路"猴"走！

图 7.1

二、制作步骤

今天的制作会用到这些乐高零件（图 7.2）：

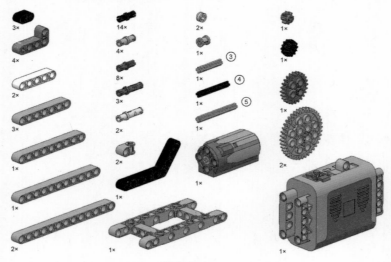

图 7.2

以及这些材料和工具（图7.3）：

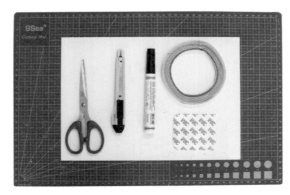

图 7.3

搭建步骤如图 7.4—图 7.36 所示：

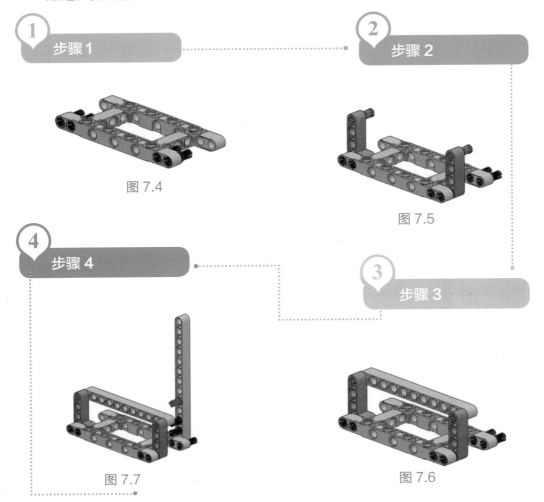

① 步骤1

图 7.4

② 步骤 2

图 7.5

④ 步骤 4

图 7.7

③ 步骤 3

图 7.6

5 步骤 5

图 7.8

6 步骤 6

图 7.9

7 步骤 7

图 7.10

8

步骤 8

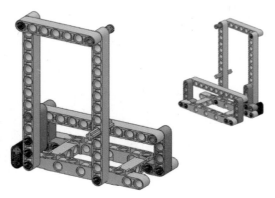

图 7.11

9

步骤 9

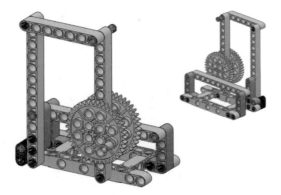

图 7.12

10

步骤 10

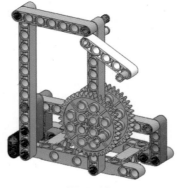

图 7.13

步骤11

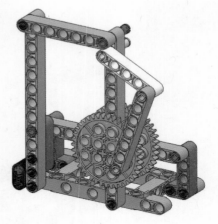

图 7.14

步骤12

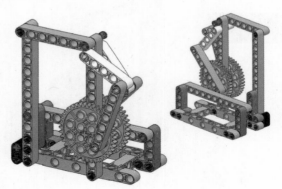

图 7.15

步骤13

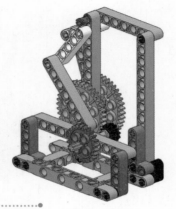

图 7.16

步骤 14

 步骤 15

图 7.17

图 7.18

 步骤 16

 步骤 17

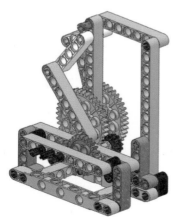

图 7.19

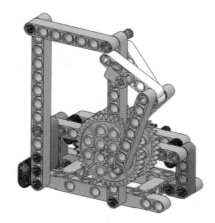

图 7.20

步骤 18

步骤 19

图 7.21

图 7.22

步骤 21

步骤 20

图 7.24

图 7.23

22

步骤 22

在卡纸上绘制"猴哥"。骑着独轮车的猴哥还有"挥手"和"翘尾巴"的动作，所以我们把它拆分成 7 个部分（④将用来制作一个小机构），分别绘制。

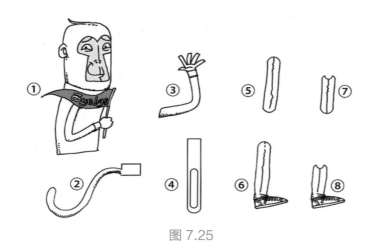

图 7.25

23

步骤 23

将画好的身体各部件剪下来。找出部件④，将中间的长孔用美工刀刻下来。

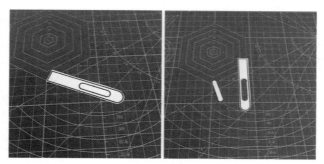

图 7.26

小贴士

下面别忘了垫切割垫哟！

63

24 步骤 24

组装身体、尾巴和朝外侧的一条腿。在图 7.27 所示的位置贴上双面胶和泡棉胶。

图 7.27

25 步骤 25

粘贴外侧小腿⑤和尾巴②，注意保持它们与后面的乐高件平行。在尾巴粘贴处再粘一层双面胶。

图 7.28

26 步骤 26

粘上大腿⑥，注意大腿右边不要留太长。

图 7.29

27

步骤 27

　　旋转齿轮，使腿弯曲到小腿
水平位置。将猴哥的身体①粘贴
上去，注意要将尾巴和大腿的粘
贴位置"藏"起来。

图 7.30

28

步骤 28

　　开启程序试试看，猴哥外
侧的动作是否协调，连接处是否
"露馅"。

图 7.31

小贴士

　　小贴士：如果猴哥的尾巴和大腿还是"露馅"了，可以通
过再次调整身体的高低位置来弥补哟！

29

步骤 29

　　然后，我们再组装里侧的腿。
　　先将里侧的大腿和小腿位置的
乐高件取下来，将剪好的⑦和⑧粘
贴在乐高件上。

图 7.32

30 步骤30

再将乐高原路装回去。

最后，安装猴哥的手。我们
需要借助④来完成挥手的动作。
将③粘在④上。

图7.33

31 步骤31

安装"挥舞的小手"支撑乐
高件。

图7.34

32 步骤32

使乐高穿过长孔的位置，分别套上两个半轴套。安装完成，开启电
机。看看你的"猴哥"是否也能挥着小手向大家致意呢。

图7.35

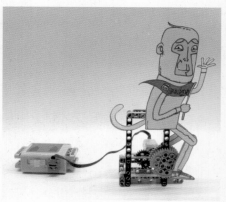

图7.36

三、知识拓展

案例中运用到的机构为"曲柄摇杆机构",主要由曲柄、摇杆组成,是一种基本的平面四杆机构(图7.37)。

曲柄摇杆机构

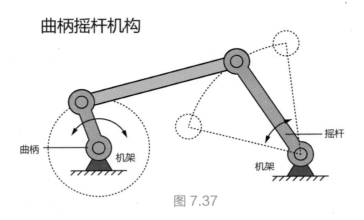

图 7.37

在本课中曲柄为主动件且等速转动,而摇杆为从动件做变速往返摆动,连杆做平面复合运动。

在机构命名上,"曲柄"与"摇杆"的区别是:

曲柄——能做整周回转的连架杆;

摇杆——只能在一定角度(小于180度)范围内摆动的连架杆。

曲柄摇杆机构在机械设计中的运用非常广泛,主要实现以下功能:

1. 将转动运动转化为往复的摆动。例如:雷达天线俯仰搜索机构。为了搜寻目标,雷达天线的运动须能在半个球面内进行调整,其在 0 度 ~ 90 度方向上的俯仰运动就是通过曲柄摇杆机构把电机的转动变成往复摆动。

2. 将摆动变成连续转动。例如:缝纫机脚踏机构。

3. 通过连杆的复合运动完成工业生产所需的运动轨迹。例如本课中,我们就用曲柄摇杆机构模拟了猴哥双腿骑行时的运动轨迹。

小鸡展翅/曲柄滑块摇杆机构

一、制作介绍

今年你定了什么更高的目标呢？今天，我们带大家制作一只振翅飞翔的小鸡，祝大家飞得更高（图8.1）！

图 8.1

二、制作步骤

今天的制作会用到这些乐高零件（图8.2）：

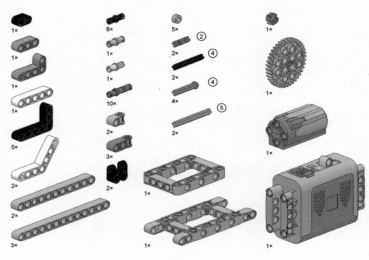

图 8.2

以及这些材料和工具（图8.3）：

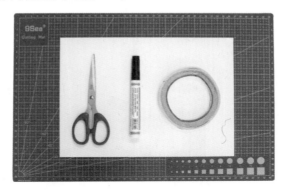

图 8.3

搭建步骤如图 8.4—图 8.27 所示：

①
步骤 1

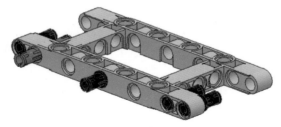

图 8.4

②
步骤 2

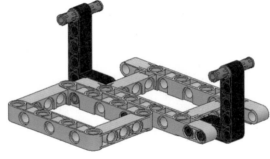

图 8.5

3 步骤 3

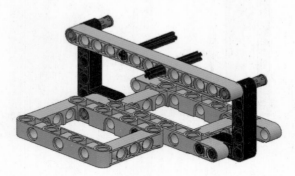

图 8.6

4 步骤 4

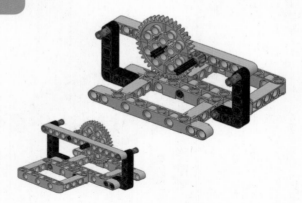

图 8.7

5 步骤 5

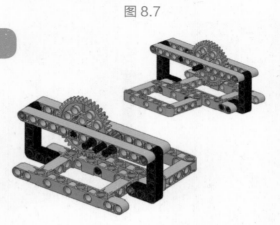

图 8.8

步骤 6

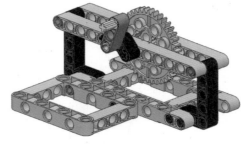

图 8.9

步骤 7

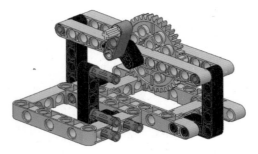

图 8.10

步骤 8

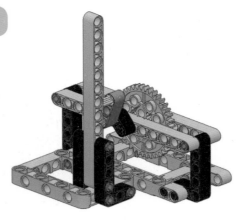

图 8.11

步骤 9

图 8.12

步骤 10

图 8.13

步骤 11

图 8.14

12

步骤 12

图 8.15

13

步骤 13

图 8.16

14

步骤 14

图 8.17

15 步骤 15

图 8.18

16 步骤 16

图 8.19

17 步骤 17

图 8.20

18

步骤 18

图 8.21

19

步骤 19

图 8.22

20

步骤 20

图 8.23

21

步骤 21

绘制小鸡。

根据乐高支架的大小，绘制小鸡的身体和翅膀。

图 8.24

22

步骤 22

用双面胶将小鸡的身体和翅膀粘在乐高上，一只振翅飞翔的小鸡就完成啦！

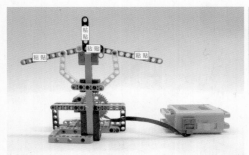 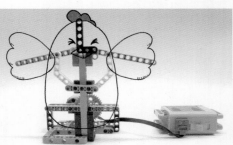

图 8.25   图 8.26

(23) 步骤 23

觉得好像还缺点什么？给小鸡画两条腿粘在小鸡的身体背面吧！

图 8.27

三、知识拓展

观察看看，小鸡翅膀是如何上下"扑腾"的？

小鸡"扑腾"翅膀的运动结构由"曲柄""滑块"和"摇杆"组成（图 8.28）。

图 8.28

曲柄为主动件做等速转动，带动滑块做往复直线运动，滑块再带动摇杆做往复摆动。因此叫作"曲柄滑块摇杆"机构（图8.29）。

曲柄滑块摇杆机构

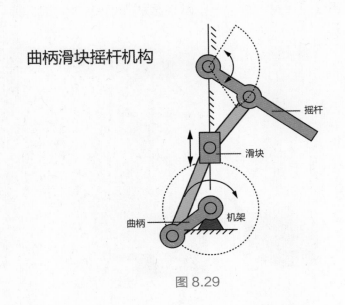

图 8.29

曲柄滑块摇杆机构是复合机构，它可以分为第一级"曲柄滑块"机构和第二级"滑块摇杆"机构，滑块在其中的作用是把第一级机构和第二级机构关联起来。

1. 曲柄滑块机构。电机使曲柄等速旋转，通过连杆带动滑块形成直线往复运动。工业生产中的自动送料机就是通过曲柄滑块机构实现等距传输物料。

2. 滑块摇杆机构。滑块的直线往复运动带动摇杆，实现摇杆的往复摆动。例如，在生活中伞的开合就是通过滑块摇杆机构完成的。

电动陀螺/齿轮变速机构

一、制作介绍

还记得小时候和小伙伴一起玩的陀螺吗？鞭绳缠几圈，用力一抽，陀螺就开始转啊转。一个人玩不过瘾，叫上小伙伴来比赛，看谁的陀螺转得最久。或者，再"厮杀"一场，看谁的陀螺能打败其他陀螺……

陀螺给我们的童年增添了很多乐趣，那么，该怎么用乐高做一个陀螺呢（图9.1）？

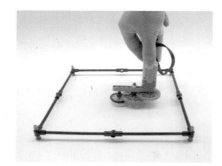

图 9.1

二、制作步骤

今天的制作会用到这些乐高零件（图9.2）：

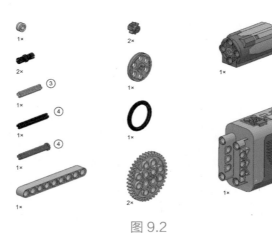

图 9.2

以及这些材料和工具（图9.3）：

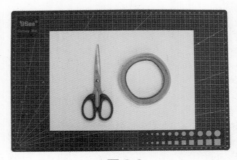

图 9.3

搭建步骤如图 9.4—图 9.11 所示：

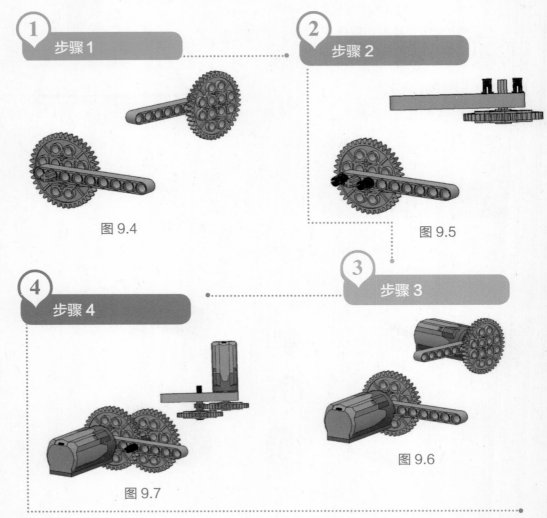

图 9.4

图 9.5

图 9.6

图 9.7

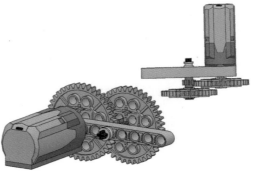

图 9.8

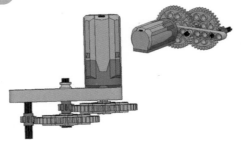

图 9.9

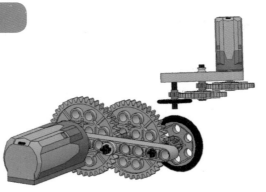

图 9.10

8 步骤 8

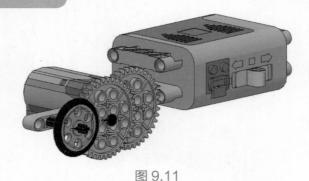

图 9.11

9 步骤 9

大家还可以对陀螺进行装饰（图 9.12），并和你的小伙伴一起观察，图案在高速旋转下会发生什么变化。

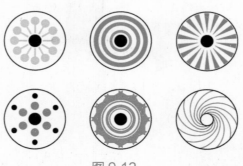

图 9.12

来和你的伙伴进行"陀螺对战"吧！

①谁更持久？

两队同时间开始转动陀螺，谁的陀螺转动的时间最长，就是胜利者！

②谁更稳定？

两队陀螺相互撞击，谁的陀螺保持到最后，就是胜利者！

当然，你也可以自己转动两个陀螺，让它们相互碰撞！

三、知识拓展

　　高速旋转的陀螺具有保持其转轴方向不变的特性（称为陀螺的定轴性，实质上是旋转体转动惯性的表现）。陀螺旋转的初速度越大，惯性也就越大，旋转时间就越长。在本课内容中，我们在增加陀螺的初速度时，运用到了齿轮变速机构，用大齿轮带动小齿轮以达到加速的效果。

　　齿轮变速原理如图 9.13 所示：

齿轮变速机构　　传动比=主动轮转速 / 从动轮转速
　　　　　　　　　　　　＝从动轮齿数 / 主动轮齿数

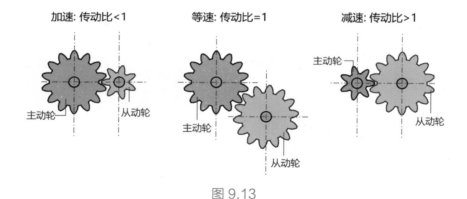

图 9.13

旋转芭蕾 / 空间齿轮变速机构

一、制作介绍

你去剧院看过芭蕾舞表演吗？如果你去过的话，一定会被芭蕾舞演员轻盈、优雅的舞步所吸引。

今天，我们就来制作一个旋转的芭蕾舞台，让美丽的芭蕾舞者在舞台中间轻盈地旋转（图 10.1）。

图 10.1

二、制作步骤

今天的制作会用到这些乐高零件（图 10.2）：

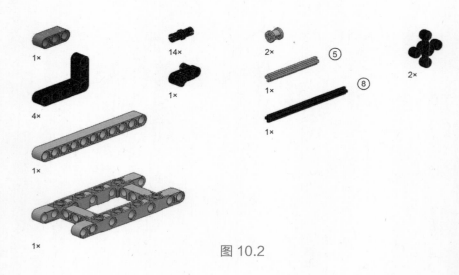

图 10.2

84

以及这些材料和工具（图 10.3）：

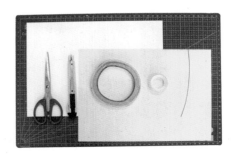

图 10.3

搭建步骤如图 10.4—图 10.22 所示：

步骤 1

步骤 2

图 10.4

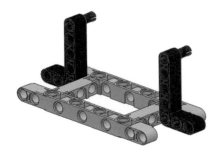

图 10.5

步骤 4

步骤 3

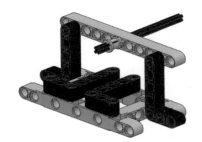

图 10.7

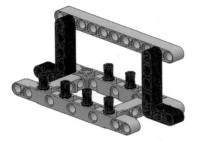

图 10.6

5 步骤 5

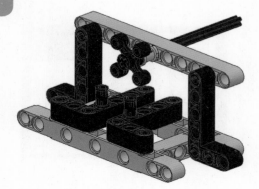

图 10.8

6 步骤 6

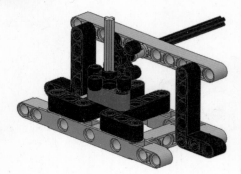

图 10.9

7 步骤 7

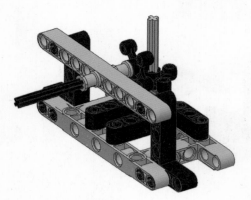

图 10.10

86

步骤 8

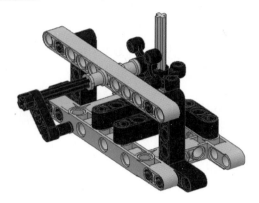

图 10.11

步骤 9

将纸模的各部分沿"裁剪"线剪下来，对镂空区域进行镂空（挖孔）处理，细节部分的处理可以借助美工刀和切割垫。

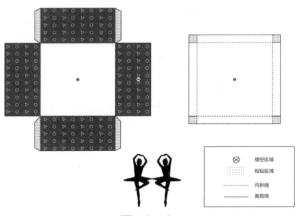

⊗	镂空区域
⊞	粘贴区域
⋯⋯	内折线
——	裁剪线

图 10.12

小贴士

芭蕾舞者最好用背胶纸打印，方便后续粘贴。如果没有背胶纸，也可以用双面胶粘贴在背面。

步骤 10

将纸模按照内折线和外
折线折出痕印，在纸模上的
"粘贴"区域贴上双面胶，
形成盒子的上下两部分。

图 10.13

步骤 11

在乐高底部粘贴少量双面胶，粘贴至盒中。

注意，在粘贴的过程中，先将右侧"曲柄"零件取下，让右侧的轴先
穿过盒子右侧的孔，再将"曲柄"安装到原来的位置。

图 10.14

小贴士

尽量保持竖着的轴与盒子底部的孔洞对齐，这样后续
才能让"舞者"站立在"舞台"的中心。

步骤 12

将正反两个芭蕾舞者与铜丝粘贴在一起。正反两个芭蕾舞者需尽量保持重叠。

图 10.15

图 10.16

图 10.17

步骤 13

将舞者穿过盒子上部分中心的孔，取下乐高中间竖直旋转的轴，用透明胶将舞者的铜丝部分与乐高轴粘贴在一起。

图 10.18

图 10.19

14 步骤 14

将乐高轴按原路装回去。

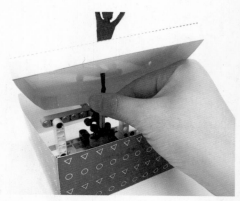

图 10.20

15 步骤 15

　　把盒子的上部分盖在下部分，注意调整乐高轴的高度，避免乐高轴露出来。

　　"旋转芭蕾"装置就做好了。

图 10.21

16 步骤 16

　　转动曲柄，让芭蕾舞者随着旋律旋转起来吧！

图 10.22

三、知识拓展

我们转动舞台侧边的曲柄，直立于舞台中心的芭蕾舞者也会跟着旋转起来，是什么机构在中间传递旋转运动呢？

在本课内容中，我们学习的机构叫"空间齿轮变速机构"。"空间齿轮传动机构"与"平面齿轮传动机构"是两种类型的齿轮传动机构，它们的区别主要在于：

空间齿轮传动机构：齿轮轴不平行，用于相交轴或交错轴间传动的齿轮机构。

平面齿轮传动机构：齿轮轴平行，用于平行轴间传动的齿轮机构（图10.23）。

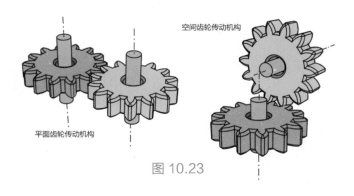

图 10.23

旋转木马 / 锥齿轮传动机构

![icon] **一、制作介绍**

　　周末已经结束了，你是否还沉浸在假期的各种吃喝玩乐中无法自拔呢？还在想着游乐场的旋转木马吗？喂，醒醒，上课呢！

　　今天的乐高玩机械，我们就来做一个旋转木马，并且认识一个新的机构：锥齿轮传动机构（图 11.1）。

图 11.1

![icon] **二、制作步骤**

　　今天的制作会用到这些乐高零件（图 11.2）：

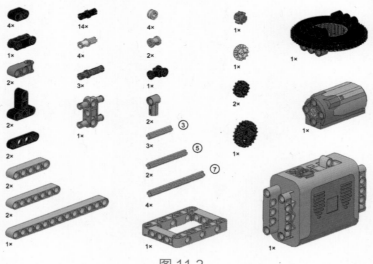

图 11.2

以及这些材料和工具（图 11.3）：

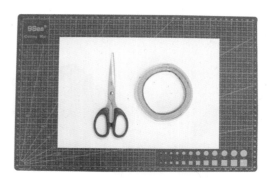

图 11.3

搭建步骤如图 11.4—图 11.17 所示：

步骤 1

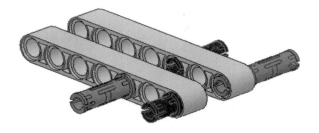

图 11.4

②

步骤 2

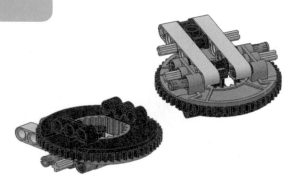

图 11.5

3 步骤 3

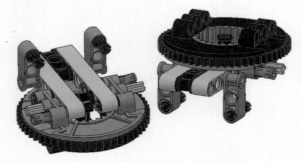

图 11.6

4 步骤 4

图 11.7

5 步骤 5

图 11.8

步骤 6

图 11.9

步骤 7

图 11.10

步骤 8

图 11.11

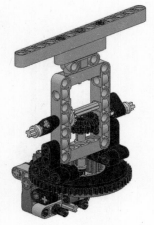

9 步骤 9

图 11.12

10 步骤 10

图 11.13

11 步骤 11

图 11.14

步骤 12

图 11.15

步骤 13

打印出木马和花边图片，并将各部分剪下来粘贴在乐高零件上。

图 11.16

97

装饰完成后，我们的旋转小木马就做好了!

图 11.17

三、知识拓展

锥齿轮传动机构。

锥齿轮传动机构是由一对锥齿轮组成的相交轴间的齿轮传动。锥齿轮传动机构用来实现两相交轴之间的传动，两轴交角称为轴角，其值可根据传动需要确定，一般多采用 90 度（图 11.18）。

本课中的旋转木马就是通过锥齿轮传动，将电机在水平方向的旋转运动传递给竖直方向的曲柄，通过滑杆实现上下运动。

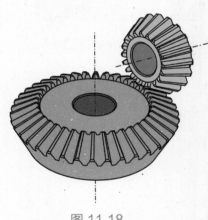

图 11.18

赛车游戏机/带传动机构

一、制作介绍

你玩过电脑里的赛车游戏吗？玩家需要操作手柄控制汽车方向，让汽车始终保持在车道上并到达终点。今天，我们就要通过带传动原理，带大家制作一个"赛车游戏机"（图12.1）。道路在不停变换方向，快转动方向盘，让小车沿着道路开起来。制作完成后，你还可以用这个小游戏机组织一场比赛，看谁在道路上的时间长，一定很热闹哟！

图 12.1

二、制作步骤

今天的制作会用到这些乐高零件（图12.2，图12.3）：

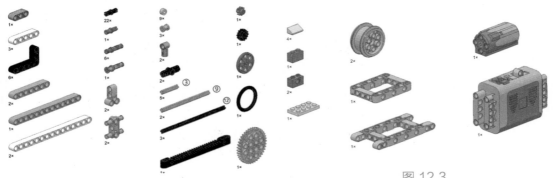

图 12.2   图 12.3

以及这些材料和工具（图 12.4）：

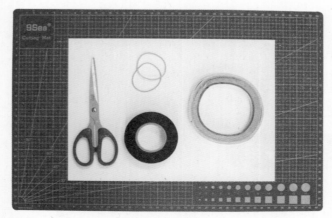

图 12.4

搭建步骤如图 12.5—图 12.32 所示：

① 步骤 1

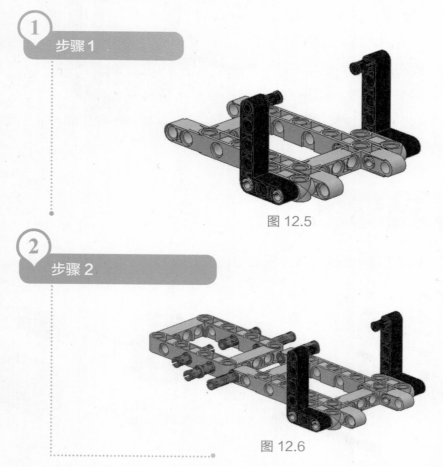

图 12.5

② 步骤 2

图 12.6

步骤 3

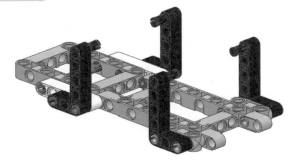

图 12.7

步骤 4

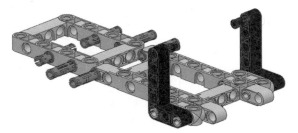

图 12.8

步骤 5

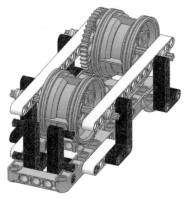

图 12.9

6 步骤6

图 12.10

7 步骤7

图 12.11

8 步骤8

图 12.12

步骤 9

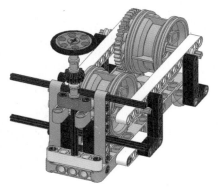

图 12.13

步骤 10

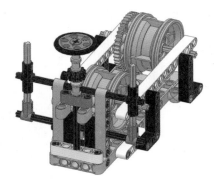

图 12.14

步骤 11

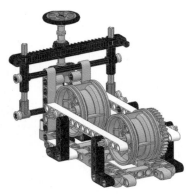

图 12.15

12 步骤 12

图 12.16

13 步骤 13

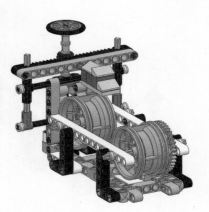

图 12.17

14 步骤 14

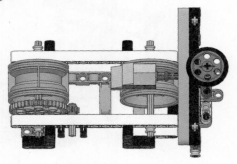

图 12.18

步骤 15

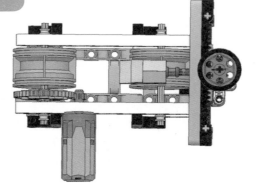

图 12.19

步骤 16

将橡皮筋紧套在前后两端的轮子上。

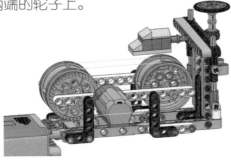

图 12.20

步骤 17

打印公路、方向盘、大山的图片，并将各部分依次剪下来。

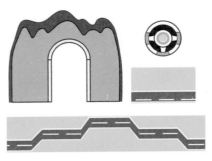

图 12.21

步骤 18

延长公路。将两张公路图片粘贴在一起，注意要将两张道路的白线位置对齐哟！

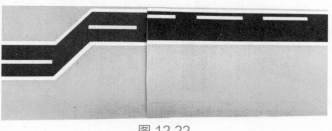

图 12.22

步骤 19

搭建小车。利用乐高积木搭建小车，并在小车窗户的位置粘贴黑胶带（或黑色纸片）。

图 12.23

步骤 20

将小车轮子剪下来，粘贴在小车上。

图 12.24

106

21

步骤 21

安装小车。

图 12.25

22

步骤 22

将剪下来的方向盘粘贴在对应位置上。

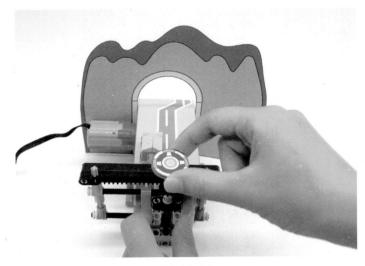

图 12.26

23 步骤23

安装公路。将长条公路紧绕两个车轮，首尾粘贴。

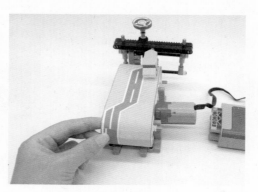

图 12.27

小贴士

两端公路要对齐，并且纸片须紧贴车轮，避免出现松弛的情况哟！

24 步骤24

粘贴大山。将剪下的大山纸片粘贴在乐高件相应的位置上。

图 12.28

步骤 25

如果纸片太软无法直立，可以在大山纸片的背面增加两块硬纸条，增加纸片的强度后再粘贴。

图 12.29

步骤 26

"赛车游戏机"就做好啦！

图 12.30

图 12.31

图 12.32

三、知识拓展

将橡皮筋紧套在前后两端的轮子上，使电机带动前轮做顺时针转动，通过摩擦力使得橡皮筋与后轮以及纸路面都以相同的线速度顺时针转动。这运用的是"带传动"的机构原理（图 12.33）。

带传动是利用紧套在带轮上的柔性带进行运动或动力传递的一种机械传动。带传动主要由主动轮、从动轮和传送带组成。

在传动过程中，传送带紧套在主动轮和从动轮上，带与两轮接触面之间产

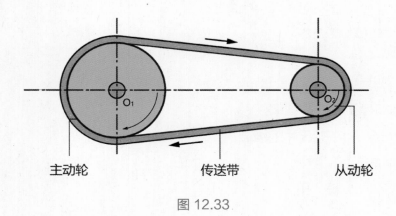

主动轮   传送带   从动轮

图 12.33

生压力。当主动轮旋转时，由这个压力所产生的摩擦力将拖动带运动，带又拖曳从动轮旋转完成运动。

电动秋千/间歇机构

一、制作介绍

　　天气逐渐变暖，又到了可以穿着春装去公园游玩的季节了。公园中最有趣的娱乐活动就是荡秋千，一来一去之间，别有一番景致。今天我们就一起来做一个电动秋千吧（图 13.1）。

图 13.1

二、制作步骤

　　今天的制作会用到这些乐高零件（图 13.2）：

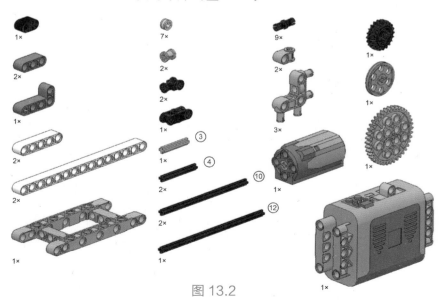

图 13.2

以及这些材料和工具（图 13.3）：

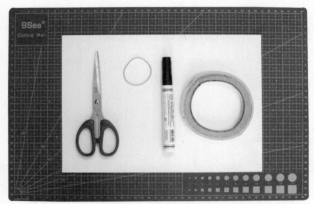

图 13.3

搭建步骤如图 13.4—图 13.23 所示：

① 步骤1

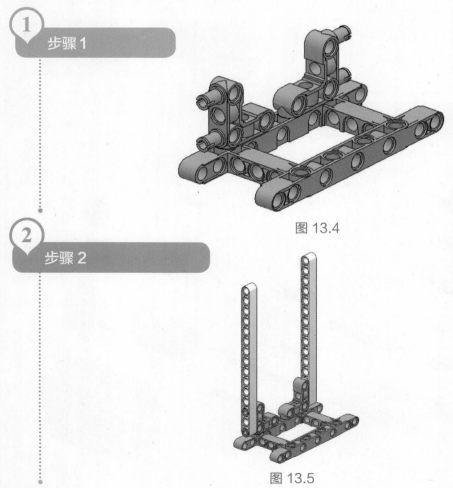

图 13.4

② 步骤2

图 13.5

3 步骤 3

图 13.6

4 步骤 4

图 13.7

5 步骤 5

图 13.8

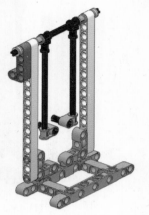

图 13.9

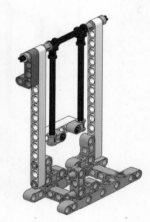

图 13.10

图 13.11

步骤 9

图 13.12

步骤 10

图 13.13

步骤 11

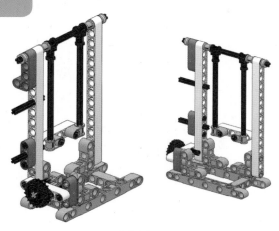

图 13.14

115

步骤 12

图 13.15

步骤 13

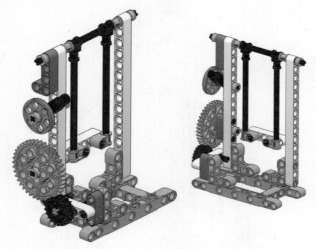

图 13.16

步骤 14

在踏板的位置增加小零件留为后续装饰备用。

图 13.17

步骤 15

将皮筋卡在皮带轮和限位零件的凹槽中。

图 13.18

16 步骤 16

安装电机，连接电池盒，搭建完成。

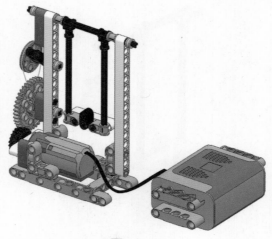

图 13.19

17 步骤 17

绘制一个你喜欢的角色并涂上你喜欢的色彩吧。

图 13.20

小贴士

在绘画时可参考图中提供的尺寸，以免人物过大或过小，与秋千的比例不协调。

步骤 18

将人物剪下，并粘贴在乐高零件上。

图 13.21

图 13.22

小贴士

可将纸片小人儿适当折叠，成坐姿状粘贴。

步骤 19

乐高电动秋千就完成啦！打开电池盒开关，让小人儿愉快地摆动起来吧！

图 13.23

能够将原动件的连续转动转变为从动件周期性运动和停歇的机构，称为间歇运动机构（图 13.24）。

在本课内容中，曲柄转动到固定位置时就会与"L"型乐高零件发生碰撞，促使"吊绳"摆动，从而模拟出秋千的摇摆动作。当电机带动曲柄持续旋转时，摇摆运动就会呈周期性地间歇发生了。

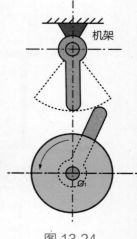

图 13.24

赶路的圣诞老人 / 双凸轮机构

一、制作介绍

每年的平安夜，圣诞老人带着一大袋礼物飞奔而来，给每一位小朋友分发礼物。那带着礼物的圣诞老人是什么样子的呢？今天，我们就来教大家制作一个赶路的圣诞老人（图14.1）。

图 14.1

二、制作步骤

今天的制作会用到这些乐高零件（图14.2）：

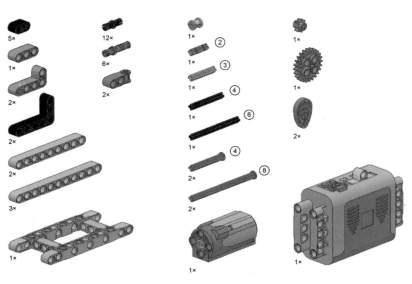

图 14.2

以及这些材料和工具（图 14.3）：

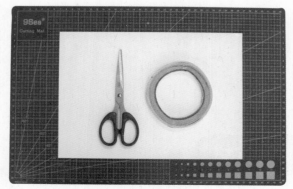

图 14.3

搭建步骤如图 14.4—图 14.28 所示：

① 步骤1

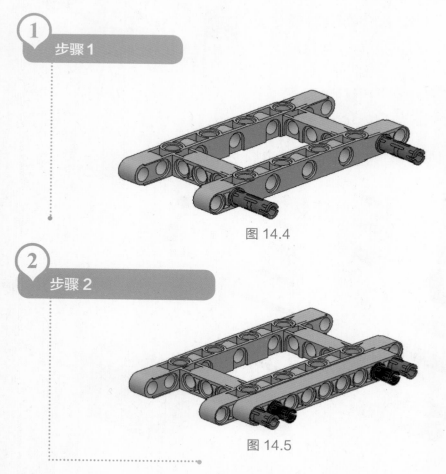

图 14.4

② 步骤2

图 14.5

步骤 3

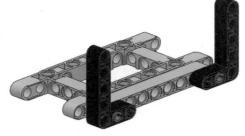

图 14.6

步骤 4

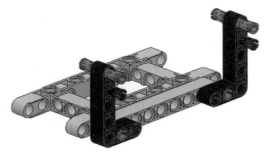

图 14.7

步骤 5

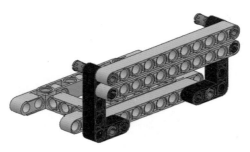

图 14.8

步骤6

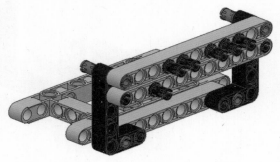

图 14.9

步骤7

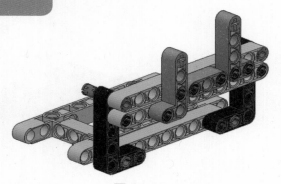

图 14.10

步骤8

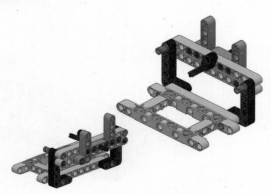

图 14.11

步骤 9

图 14.12

步骤 10

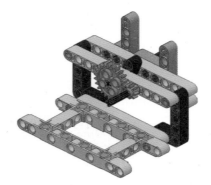

图 14.13

步骤 11

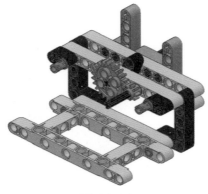

图 14.14

(12) 步骤 12

图 14.15

(13) 步骤 13

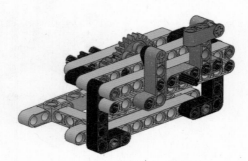

图 14.16

(14) 步骤 14

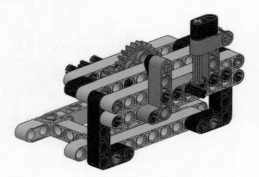

图 14.17

步骤 15

图 14.18

步骤 16

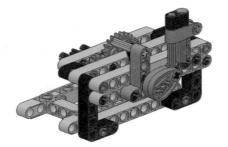

图 14.19

步骤 17

图 14.20

18 步骤 18

图 14.21

19 步骤 19

图 14.22

20 步骤 20

根据乐高结构，估计圣诞老人图像尺寸并绘制出来。

图 14.23

21

步骤 21

绘制驯鹿。

为了增加驯鹿的动感和立体效果，
我们将驯鹿的头部、身体和脚分开绘制。

图 14.24

22

步骤 22

将绘制好的圣诞老人和驯鹿剪下来，再从空白卡纸上剪下一张
15mm×60mm、两块 7mm×40mm 的纸条，弯曲成图中形状。

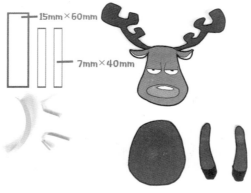

图 14.25

23

步骤 23

组装驯鹿。

图 14.26

粘贴圣诞老人和组装好的驯鹿。

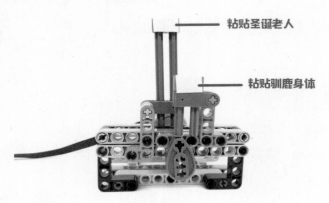

粘贴圣诞老人

粘贴驯鹿身体

图 14.27

赶路的圣诞老人就制作完成啦!

图 14.28

连接电池,开启程序,让它奔跑起来吧!

 三、知识拓展

　　圣诞老人骑着驯鹿赶路的结构主要由顶杆和两个不同形状的凸轮组成,叫作"双凸轮机构"(图 14.29)。

　　主动件由一对同轴凸轮组成,两个凸轮同轴。轴转动的时候,就会带着凸

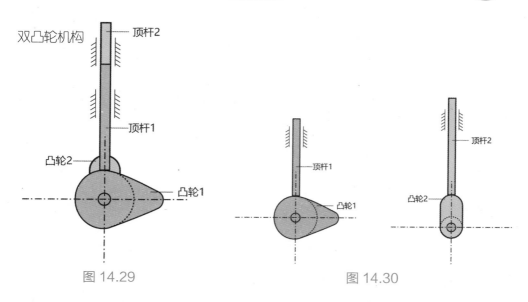

双凸轮机构

图 14.29 图 14.30

轮一起转动，而凸轮可以把圆周运动转化为特定运动规律的往复运动，这样我们就能实现"赶路的圣诞老人"的运动方式（图 14.30）。

　　双凸轮机构不仅仅可以做出圣诞老人，在汽车的工业设计上，双凸轮也被用于冲程的发动机上。如下图 14.31 所示，冲程发动机吸气冲程和排气冲程都需要打开或关闭上方两个气门，同时，气门的动作时机又必须与发动机相协调，双凸轮机构就可以做到这一点。

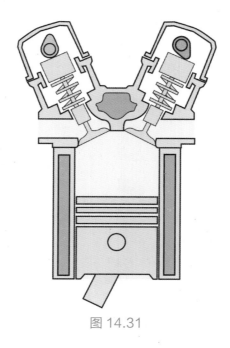

图 14.31

打鼓·小·熊／双曲柄间歇机构

一、制作介绍

你知道吗？拖线玩具在汉朝就已经出现了，当时被称为"鸠车"。两千多年以来，这种玩具长盛不衰，并演变出各种各样的形式。

图 15.1

今天，我们就为你带来一个乐高版的拖线玩具"打鼓小熊"。在拖动小车的过程中，小熊会一边前进一边挥舞着双臂敲击小鼓，有节奏地发出"嗒嗒嗒"声（图 15.1）。

二、制作步骤

今天的制作会用到这些乐高零件（图 15.2）：

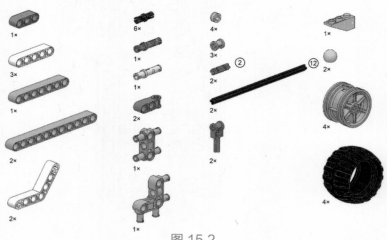

图 15.2

以及这些材料和工具（图 15.3）：

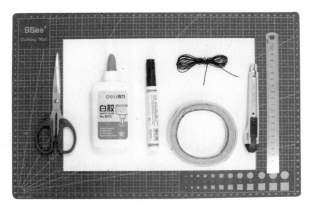

图 15.3

搭建步骤如图 15.4—图 15.42 所示：

① **步骤 1**

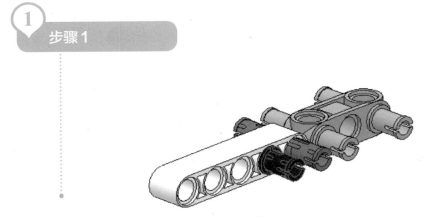

图 15.4

② **步骤 2**

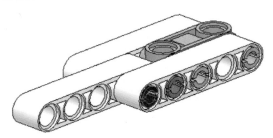

图 15.5

步骤 3

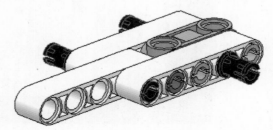

图 15.6

步骤 4

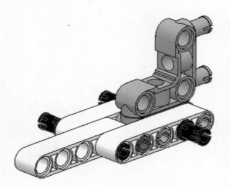

图 15.7

步骤 5

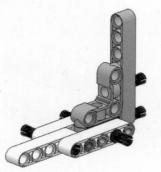
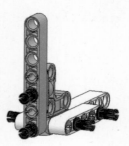

图 15.8

6

步骤 6

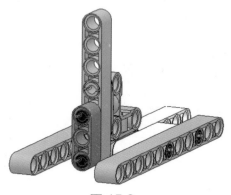

图 15.9

7

步骤 7

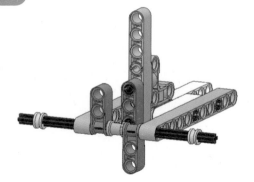

图 15.10

8

步骤 8

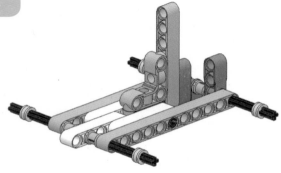

图 15.11

步骤 9

图 15.12

10 步骤 10

图 15.13

11 步骤 11

图 15.14

12
步骤 12

图 15.15

14
步骤 14

13
步骤 13

图 15.17

图 15.16

15
步骤 15

图 15.18

将纸模的各部分沿"裁剪线"裁剪下来。

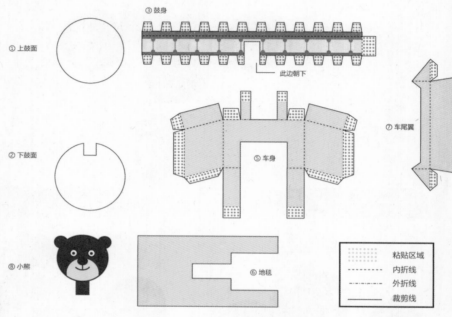

图 15.19

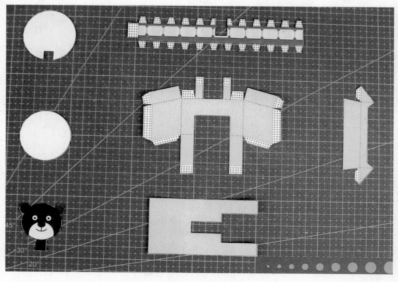

图 15.20

步骤 17

用美工刀的刀背在纸模上按照"内折线"和"外折线"划出刀印，并按要求折出痕印。

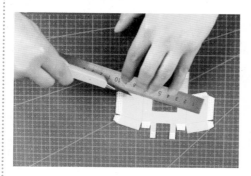

图 15.21

图 15.22

步骤 18

将鼓身的上边缘的内侧涂上白胶（或普通胶水）。

图 15.23

步骤 19

按照内折线折叠并压紧，同时把标有粘贴区域的地方按照外折线折好，避免与上边缘一同粘贴在鼓身上。

图 15.24

20 步骤 20

　　将鼓身弯成一个圆环，将粘贴区域涂上白胶与另一端粘合。

图 15.25

小贴士

　　为了美观，可以将与上边缘重叠的粘贴区域插入上边缘中。

21 步骤 21

　　粘贴上鼓面。将上鼓面小心地粘贴在鼓身上端的粘贴区域。

图 15.26

22 步骤 22

　　粘贴下鼓面。对齐"缺口"位置，将下鼓面小心地粘贴在鼓身下端的粘贴区域。

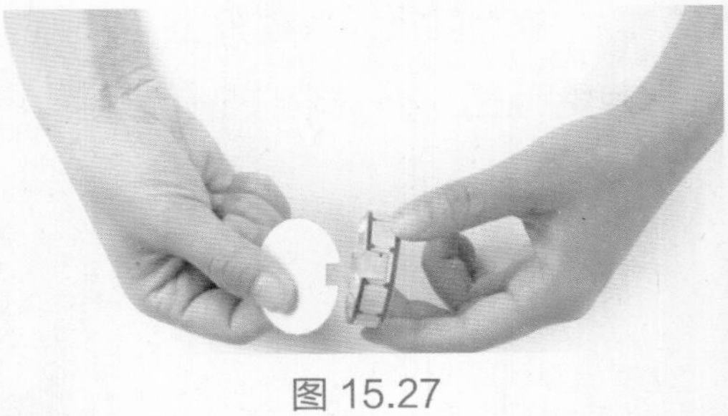

图 15.27

　　小鼓就粘贴好了。

图 15.28

23

步骤23

在车身和尾翼的粘贴区域粘上双面胶，并分别粘贴车身和尾翼。

图 15.29

24

步骤24

将车身和尾翼粘贴在一起形成一体，注意保持车身和尾翼水平居中。

图 15.30

图 15.31

25

步骤25

在乐高上粘贴双面胶。

图 15.32

26 步骤 26

安装地毯。

图 15.33

图 15.34

27 步骤 27

安装小鼓。

图 15.35

28 步骤 28

安装车身和尾翼。

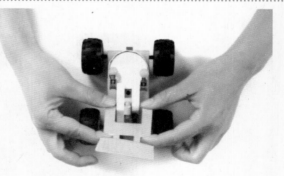

图 15.36

步骤 29

安装小熊。

图 15.37

图 15.38

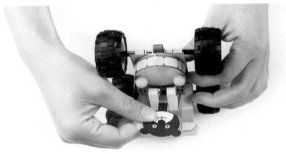

图 15.39

步骤 30

在最前端的乐高零件上栓根长绳变成拉线玩具！

图 15.40

图 15.41

图 15.42

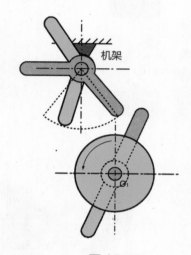

三、知识拓展

能够将原动件的连续转动转变为从动件周期性运动和停歇的机构，我们称为间歇运动机构（图15.43）。

图 15.43

说到"间歇运动机构"，在我们之前的课程"电动秋千"中有介绍过。"曲柄"转动到固定位置与"L"型乐高零件发生碰撞从而促使"吊绳"摆动，模拟出"荡秋千"的动作（图15.44）。

那么，今天的"间歇运动机构"有什么不一样的地方呢？

1. 动力不同。在"电动秋千"中，主动件"曲柄"的旋转是由电机提供动力由减速齿轮组

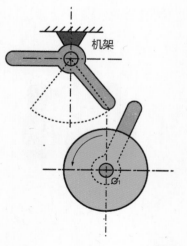
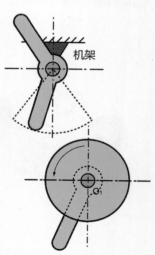

图 15.44

传递的。但是在本课"打鼓小熊"中，巧妙地利用了小车在前进过程中轮轴的持续旋转。

2. 从动件由"双曲柄"配合完成。轮轴转动一圈，轮轴上方向相反的两曲柄转动，一前一后，先后与小熊的左、右胳臂发生碰撞，模拟出打鼓的动作。

高楼电梯/曳引系统

一、制作介绍

　　现在越来越多的人住在高层住宅中，每天出门乘坐的第一个运输工具就是电梯。我们对电梯都非常熟悉，但你有没有想过电梯是怎样运转的呢？我们用乐高制作一个电梯，一起来学习电梯的工作原理吧（图 16.1）！

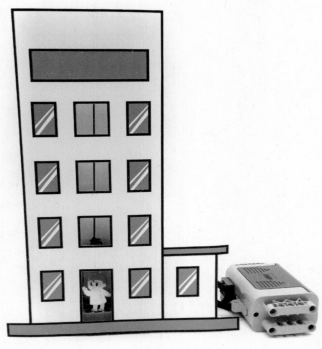

图 16.1

二、制作步骤

今天的制作会用到这些乐高零件（图 16.2）：

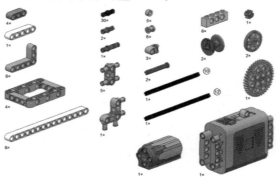

图 16.2

以及这些材料和工具（图 16.3）：

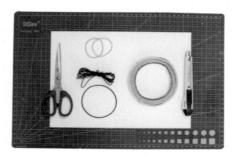

图 16.3

搭建步骤如图 16.4—图 16.40 所示：

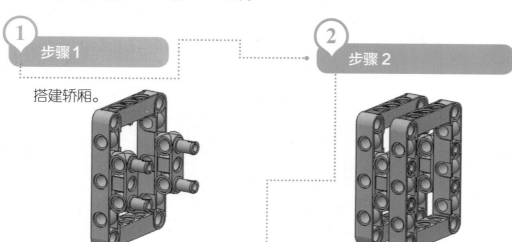

① 步骤 1

搭建轿厢。

图 16.4

② 步骤 2

图 16.5

3 步骤 3

图 16.6

4 步骤 4

轿厢搭建完成。

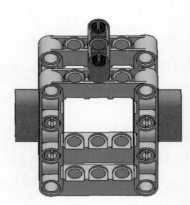

图 16.7

5 步骤 5

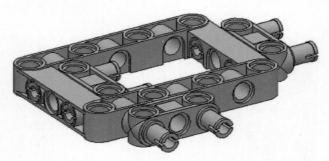

图 16.8

步骤6

搭建电梯主体和曳引系统。

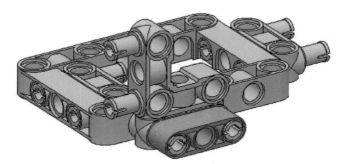

图 16.9

步骤7

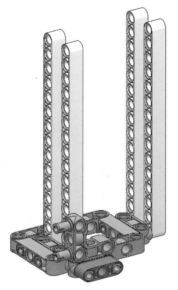

图 16.10

8 步骤 8

图 16.11

9 步骤 9

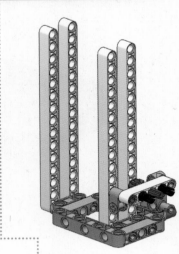

图 16.12

11 步骤 11

图 16.14

10 步骤 10

图 16.13

步骤 12

图 16.15

步骤 13

图 16.16

步骤 15

步骤 14

将轿厢放入电梯主体中。

电梯主体和曳引系统搭
建完成。

图 16.18

图 16.17

151

步骤 16

步骤 17

图 16.19

图 16.20

步骤 19

步骤 18

图 16.22

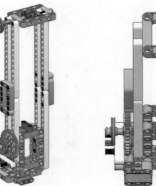

图 16.21

20 步骤 20

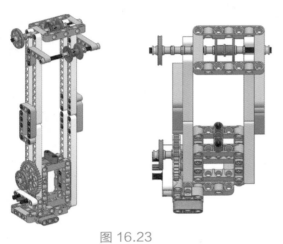

图 16.23

21 步骤 21

搭建对重。

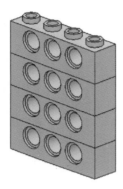

图 16.24

22 步骤 22

对重搭建完。

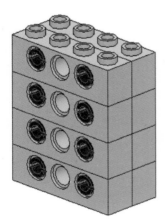

图 16.25

23 步骤 23

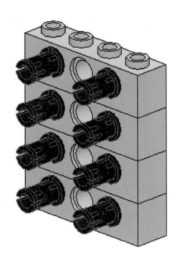

图 16.26

步骤 24

步骤 25

安装电机，搭建完成。

图 16.27

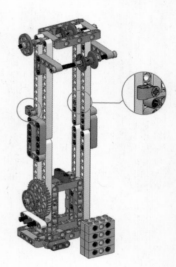
图 16.28

步骤 26

将一个卷线筒取下并缠上橡皮筋，以增大绳与轮之间的摩擦。

图 16.29

步骤 27

将长绳的一端与轿厢相连，穿过中间的乐高件并系紧。

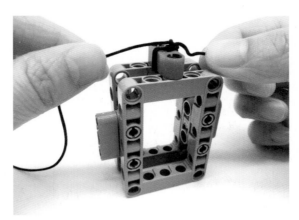

图 16.30

步骤 28

将长绳依次搭在两个线轮上。

试试看轿厢能否光滑无阻地在轨道中做升降运动。

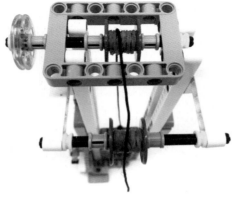

图 16.31

 步骤 29

将长绳的另一头系住对重块，将多余的长绳剪掉或缠绕在乐高上。

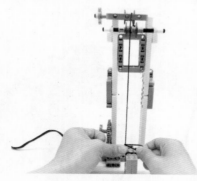

图 16.32

小贴士

注意轿厢和对重块的相对位置。让轿厢升到了电梯的最高处时，对重块则刚好在水平地面上，并且长绳处于被拉紧的状态。

 步骤 30

在两滑轮上挂上长橡皮筋，安装上电机、电池。

试试看，电梯能否顺利升降。

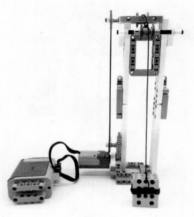

图 16.33

31 步骤 31

　　将纸模的各部分沿裁剪线剪下来，用美工刀对镂空区域进行镂空处理，
并将纸模按内折线标记折出痕印。

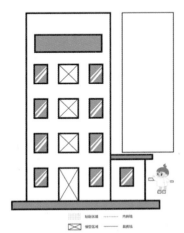

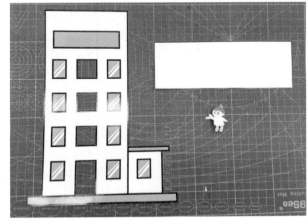

图 16.34

图 16.35

32 步骤 32

　　在纸模上的粘贴部分贴上双面胶，将布布老师粘贴在轿厢里。

图 16.36

图 16.37

步骤 33

粘贴大楼正面的纸模，注意将镂空的窗户的位置与轿厢中的布布老师保持水平居中。

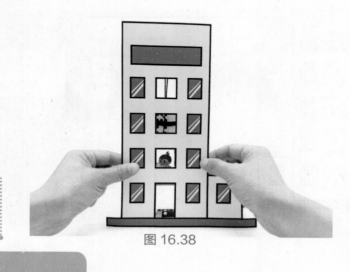

图 16.38

步骤 34

将剩下的那部分白卡纸粘贴在电梯背面。

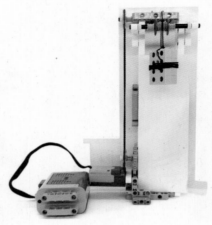

图 16.39

步骤 35

高楼电梯就做好了。

快让布布老师试试升
降电梯，跟蝙蝠侠比赛，
看谁先上到高楼！

图 16.40

三、知识拓展

现代生活中，高楼里的大部分电梯都是曳引电梯，它以拥有一个完整的电
梯曳引系统为主要特征。电梯曳引系统一般由电动机、制动器、减速箱及曳引轮
所组成（图 16.41）。

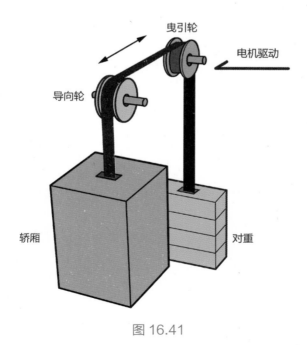

图 16.41

　　曳引钢丝绳通过曳引轮一端连接轿厢，另一端连接对重装置。为了使井道中的轿厢与对重装置各自沿井道中导轨运行并且不相蹭，曳引机上会放置一个导向轮使二者分开。

　　轿厢与对重装置的重力使曳引钢丝绳压紧在曳引轮槽内并产生摩擦力。这样，电动机转动带动曳引轮转动，驱动钢丝绳，拖动轿厢和对重装置作相对运动。即轿厢上升，对重装置下降；对重装置上升，轿厢下降。于是，轿厢在井道中沿导轨上、下往复运行，电梯执行垂直运送任务。

　　轿厢与对重装置能作相对运动是靠曳引绳和曳引轮间的摩擦力来实现的。这种力叫曳引力或驱动力。依靠对重装置牵引着轿厢做往返运动的电梯，电机本身所需的驱动力就大大减小了。

纸模

创意表白机 《乐高玩机械》

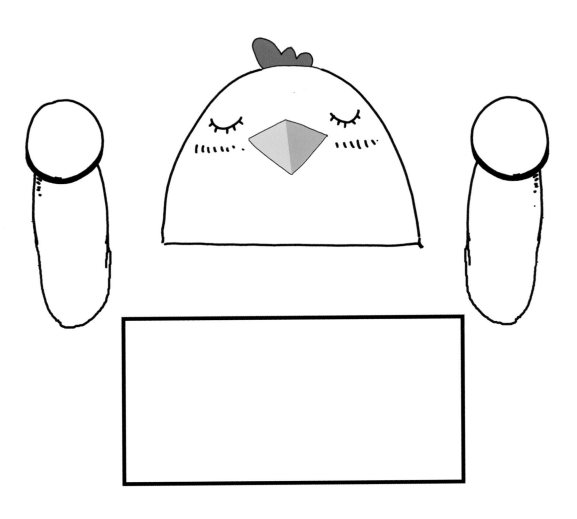

开门大吉 《乐高玩机械》

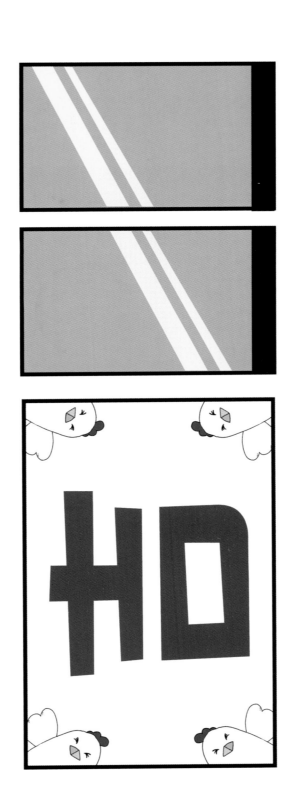

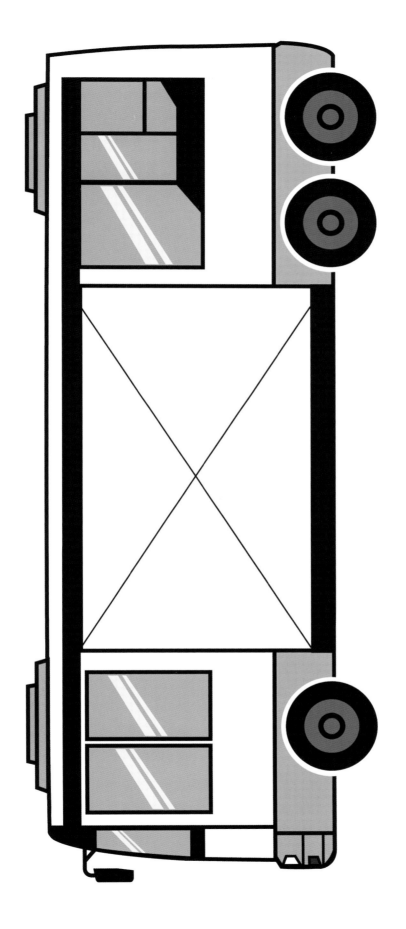

蝙蝠侠升降机 《乐高玩机械》

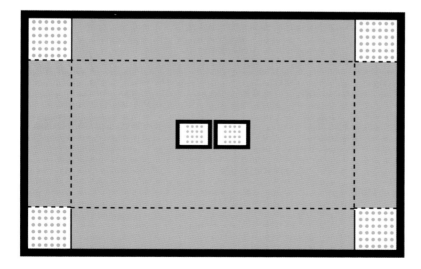

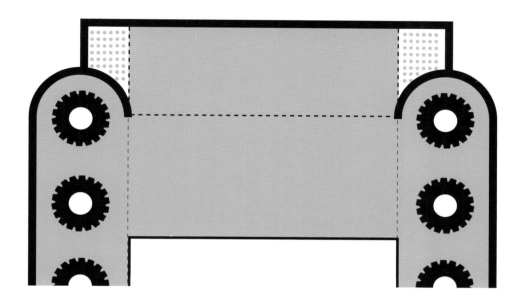

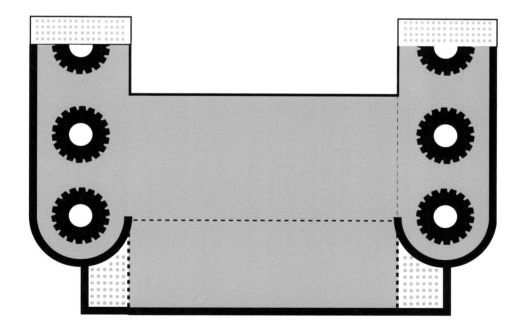

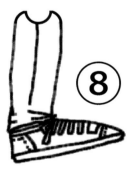

一路猴走 《乐高玩机械》

镂空区域 ----- 内折线
粘贴区域 -·-·- 外折线
　　　　 ——— 裁剪线

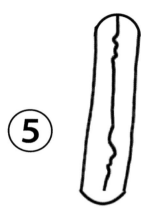

⑤

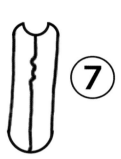

⑦

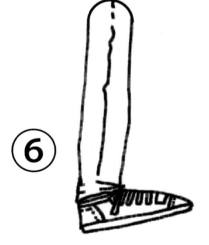

⑥

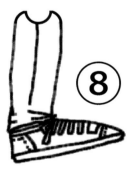

⑧

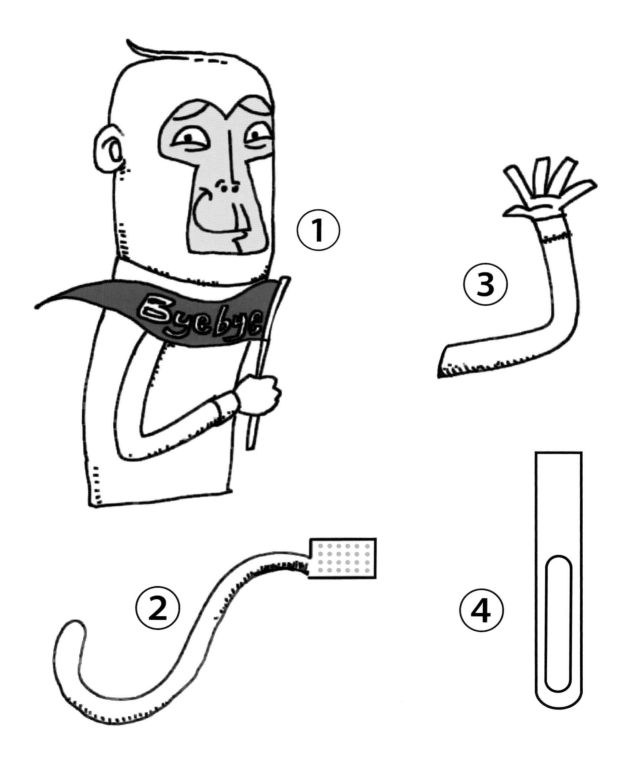

搞怪的小丑 《乐高玩机械》

镂空区域   ------ 内折线
粘贴区域   --·--·-- 外折线
              —— 裁剪线

小鸡展翅 《乐高玩机械》

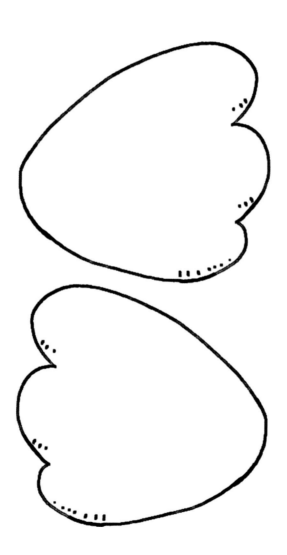

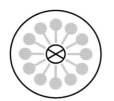

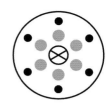
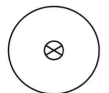
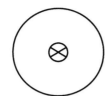
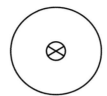
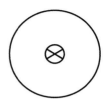
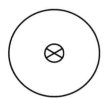
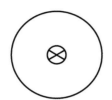
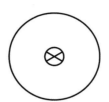
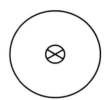

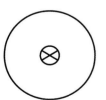
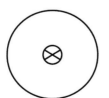
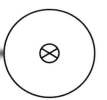
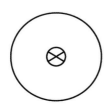

电动陀螺 《乐高玩机械》

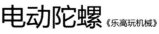
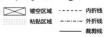

镂空区域　------ 内折线
粘贴区域　-·-·- 外折线
　　　　　──── 裁剪线

旋转芭蕾②《乐高玩机械》

镂空区域 ┈┈┈ 内折线
粘贴区域 ┈·┈·┈ 外折线
━━━ 裁剪线

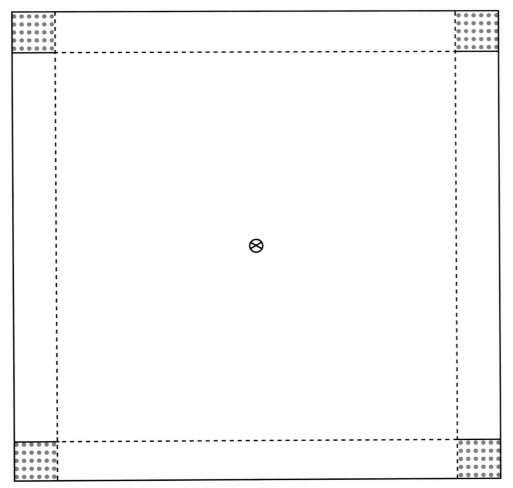

旋转木马 《乐高玩机械》

镂空区域
粘贴区域

内折线
外折线
裁剪线

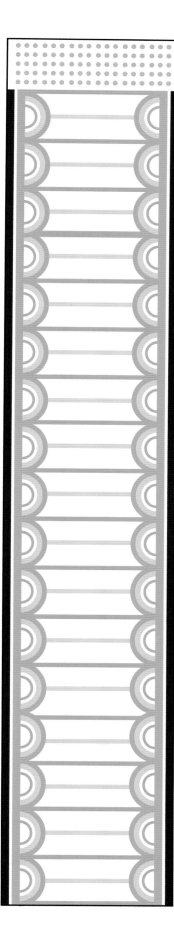

电动秋千 《乐高玩机械》

⬛ 镂空区域	- - - - - - 内折线	
⬚ 粘贴区域	- · - · - · 外折线	
	——— 裁剪线	

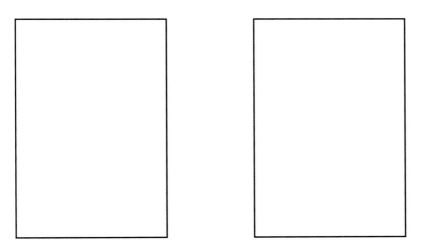

赶路的圣诞老人 ②

《乐高玩机械》

镂空区域 ------ 内折线
粘贴区域 ---·---· 外折线
—— 裁剪线

赶路的圣诞老人 ②

《乐高玩机械》

镂空区域 ------ 内折线
粘贴区域 -·-·-· 外折线
——— 裁剪线

打鼓小熊 《乐高玩机械》

镂空区域	------ 内折线
粘贴区域	-·-·- 外折线
	—— 裁剪线

① 上鼓面

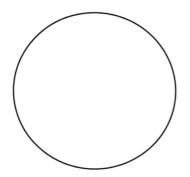

② 下鼓面

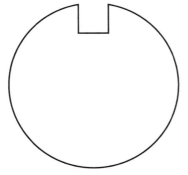

⑥ 地毯

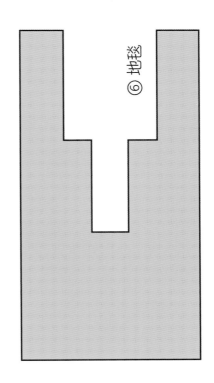

⑧ 小熊

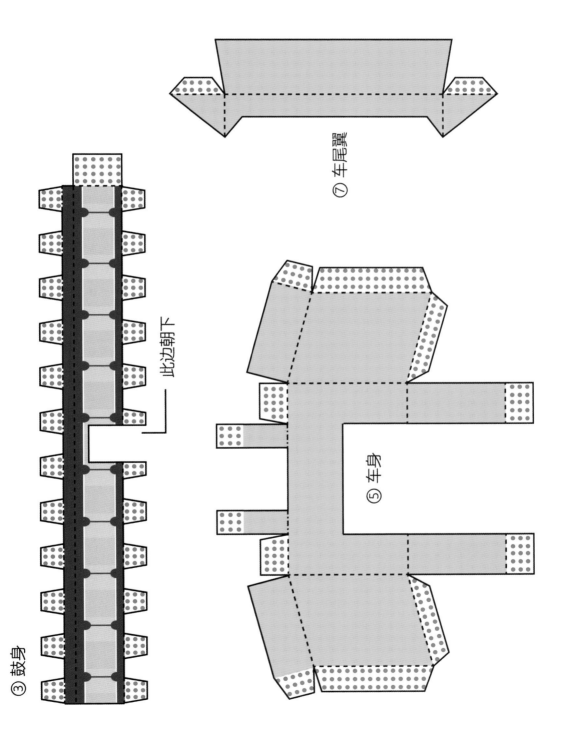

③ 鼓身

此边朝下

⑤ 车身

⑦ 车尾翼

高楼电梯 ② 《乐高玩机械》

- 内折线
- 外折线
- 裁剪线
- 镂空区域
- 粘贴区域

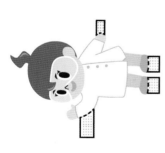